Salomo Friedlaender/Mynona

Kant gegen Einstein

90 Helden – 92 f Plan – 93 Krieg – Internat.
95 geg. Amerika! – 96 Krieg – 98 Kirch –
M – 100 Æ – M – 101 Plan – 104/5
Technik & Plan – Rußland – 106 Plan
109 Abhilfe – 112 Rußland – 111 ? –
112 Bürgerkr. – Staat – 112/3 Minderheit –
114 progn. – 115 Limit. der Selbstheit.
d. Staaten als Mittel geg. Militarism.
129 Æ – 130 Jude – 133 philosem. –
Aff. Judentum – 134 Leben – Jesus –
136 Rathenau – 137 Judeschiller – 138
Nationalstaat – 139 Zionism. – 140 Kul-
tureller, nicht polit. Zionism. 1/2
146/7 Rasse – 147 ??? – 148 Antisem.
149 allgem. menschl. – 150 Shaw, Wells –
152/3 Araber – 153 Wirtsvolk – 154
Judentum – 155 Antisem. – 155
Artfremd" – 157 Æ = Jude – 158 M
"Zionism als Notwehr!!! – Staat –
159 Araber –
161 Judenchrist – 162 philosem. –
166 Schopenhauer – 168 Gesetz – 168 Intuition
Leibniz – Mach 170
169 Wahrnehmung – Spezialist 171 Methode –
doch Logik! – Planck – 173 Problem Wahrheit –
172 Basis – 175 problem. – 178 Ratio –
174 Rel.-Th. – 177 Erk. = Th. –
176 Spinoza – Euklid – 178/79 Entscheidung

12 Freiheit – Humor – Kein Eu=
dämonillen. – 14 Æ – 14/15 Demokr.
Staat – Militär – Krieg – 16 Myst.
Relig. – 17 Vernunft & Natur – Gumbel
20 Result. d. Darstellg. nicht veredelnd –
Ich – 21 Sprache – Sozial – 22 Indiv. –
S^a – 23 Diktaturen – Milit. – 24 Prog.
31 allgem. Orient: Babel – M. – 32 B:
Staat – 33 M – 34 M – 35 internat. – 37 Ge=
fühl – 38 Relig. – Judent. – 39 Gott – kosm.
Natur! – 40 Schöpfung. – Wissen & Relig. –
41 Hypoth. d. Kausal. – Freiheit – Moral
42 Vernunft / Natur – 43 religiös
44 Anti-Dogmatism. – 46 Wahrheit – 51 soz. –
54 Æ – 55 MS^a – 56 Maschine – 57 Europ. Amer.
60 Anerkenn. & Verbesserung. – 65 Friede –
66 Militärdienstverweigerung – 67 Moral –
Planwirtschaft – 68 Militarism. – Krieg –
M. – 69 soz. statt Moral! – 69 ff Freund.
Wahrheit – 70 Krieg – Kant – 71 Polit. Geist.
72 Söldner – 73 intern. Polizei
74 Deutschl. / Frankr. – 75 internat. – 76 senat.
78 geistige Geistfeinde – 80 Internat. –
82 Krieg – 82 moral. Revol: M – 83 altern. Lit.
M – f. Staat – 85 Völkerbund – 86 Patriot.
87 National – frz. Rev. – 88 Kellog –
88/9 Krieg dem Kriege – 89 B – M – 92 M

Salomo Friedlaender/Mynona

Gesammelte Schriften

Herausgegeben von
Hartmut Geerken & Detlef Thiel

In Zusammenarbeit mit der
Kant-Forschungsstelle
der Universität Trier

Band 1

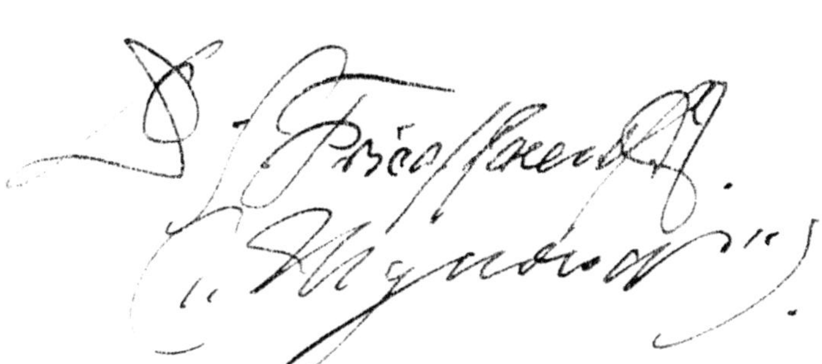

Salomo Friedlaender/Mynona

Kant gegen Einstein

Fragelehrbuch
(nach Immanuel Kant und Ernst Marcus)
zum Unterricht in den
vernunftwissenschaftlichen Vorbedingungen
der Naturwissenschaft

Herausgegeben von Detlef Thiel
Vorwort von Hartmut Geerken

2., revidierte Auflage

WAITAWHILE

Bibliografische Information der Deutschen Bibliothek:

Die Deutsche Bibliothek verzeichnet diese Publikation in der Deutschen Nationalbibliografie; detaillierte bibliografische Daten sind im Internet abrufbar über http://dnb.ddb.de

Die erste Auflage erschien 2005 als Paperback.

Umschlaggestaltung: Hartmut Geerken und Dr. Anton J. Kuchelmeister unter Verwendung von Mynonas Unterschrift auf einem Brief an Herwarth Walden vom 16. September 1915 (Archiv der Akademie der Künste Berlin, Mynona Archiv, vormals Friedlaender/Mynona Archiv Geerken, FMAG).
Gesetzt in Adobe Garamond Pro.
Layout und Formatierung: Dr. Anton J. Kuchelmeister.
Herstellung und Verlag: Books on Demand GmbH, Norderstedt.
Printed in Germany.

ISBN 978-3-8370-0052-8

Inhalt

Kant gegen Einstein

hartmut geerken

der bleistift mynonas in anderthalbsteins weltbild

1

meine tante helene aus stuttgart (helene lorch, geb. geerken, 1889-1966) erzählte mir, als sie schon sehr alt war & ich noch sehr jung, dass sie als köchin (oder küchenhilfe) im haushalt der familie einstein in ulm (sie sagte definitiv ulm) gearbeitet habe. dies muss während des ersten jahrzehnts des zwanzigsten jahrhunderts gewesen sein. fast alles, was sie mir über diese zeit erzählte, habe ich vergessen, meine interessen lagen damals woanders, doch an etwas erinnere ich mich genau & ich frage mich, warum ausgerechnet dies in meinem gedächtnis blieb: tante helene berichtete, wie sie grosse mengen der gehirnnahrung spinat für den zehn jahre älteren albert in gläser eindünsten musste. albert wohnte damals, so erzählte sie, in einem einsamen haus (blockhaus?) im wald (in der schweiz?), wohin er sich, mit den spinatgläsern, zum forschen wochenlang zurückzog. – war es vielleicht die zeit, als sich ein nahrungsmittelchemiker um eine kommastelle vertan & generationen von kindern den appetit versaut hat, weil jedermann glaubte, spinat habe einen enorm hohen eisengehalt & der sei gut fürs gehirn? ist albert einstein etwa schon sehr früh auf eine kommastelle hereingefallen?

2

professor anderthalbstein, wie doktor salomo friedlaender/mynona (1871-1946) albert einstein (1879-1955) ‚liebevoll' zu nennen pflegte, wurde, als die relativitätstheorie diskutiert wurde, genauso intensiv bejubelt wie verschmäht. friedlaenders verhältnis zu einstein war ambivalent. einsteins oft neukantianisch anmutende philophysik musste der altkantianer friedlaender schon aus prinzip ablehnen. die lebensphilosophie der beiden & ihre daraus resultierende weltsicht deckte sich aber in vielen bereichen. dies lässt sich belegen. nur im apriori verfehlten sie sich.

3

im keller von friedlaenders exilwohnung im nordosten von paris fand ich bei der wohnungsauflösung nach dem tod des sohnes im jahre 1988 zwei (oder waren es drei?) kartons (oder waren es obstkisten?) mit büchern. es war der rest von friedlaenders pariser bibliothek. unter den büchern fand sich einsteins *mein weltbild* (amsterdam: querido 1934). auf dem innentitel über dem verfassernamen mit dem eleganten schriftzug ‚mynona' versehen, ist dieses buch, noch bevor es friedlaender in händen hatte, von unbekannt wüst zensiert worden: die seiten 119-128 sind brutal herausgerissen. es handelt sich um das kapitel III *deutschland 1933*, von dem lediglich die letzten anderthalb seiten im buch verblieben sind. friedlaender hat auf den vorsatzblättern vorne & hinten mit bleistift ein fortlaufendes register ihm wichtig erscheinender schlagwörter mit seitenangaben notiert. die herausgerissenen seiten 119-128 fehlen in diesem index.

die schrift einsteins würde ich gerne lesen, ich bezweifle, dass sie hier zu haben ist, und schicken mag ich sie mir keinesfalls lassen, aus guten gründen. (brief von rebekka hanf in witten an friedlaender, 28. april 1934, AAFMAG)

4

friedlaender hat einsteins buch (woher hatte er es? in paris gekauft? von bekannten aus deutschland? aus den niederlanden?) sehr intensiv im hinblick auf eine besprechung im pariser tageblatt durchgearbeitet. von der ersten bis zur letzten seite ist das *weltbild* angereichert mit marginalien, korrekturen, an- & unterstreichungen, fussnoten, kopfnoten, anmerkungen, ausrufe- & fragezeichen. nur etwa zwei dutzend seiten des 269 seiten starken buches kommen ohne den bleistift mynonas aus.

5

einsteins *mein weltbild* ist weder eine vollständige sammlung von aufsätzen, noch eine wissenschaftliche abhandlung, sondern sollte im *wirbelsturm der politischen leidenschaften & der zeitgeschichte* nur eines zeichnen: das bild einer human geprägten persönlichkeit. es sollte durch selbstzeugnisse einer verzerrung von einsteins charakter & anschauungen entgegentreten. in vielen punkten ihrer weltsicht sind sich einstein & friedlaender einig. dies lässt sich an den stellen nachvollziehen, an denen friedlaender am blattrand ein grosses m (für mynona) verzeichnet, oft auch zur untermauerung mehrfach unterstrichen. das m sagt: janz meiner meinung! hab ick doch schon immer jesagt! ick habs doch jewusst! oder ähnliches. wo z. b. einstein einen ausspruch von arnold berliner (herausgeber der zeitschrift *die naturwissenschaften*) zitiert, wonach ein wissenschaftlicher autor eine kreuzung von mimose & stachelschwein sei (s. 31), hat friedlaender sein m an den rand gesetzt, weil die spannung zwischen der mimose & dem stachelschwein, zwischen dem philosophen friedlaender & dem humoristen mynona seiner wissenschaftlich-künstlerischen existenz immanent war: *zwei brüste wohnen ach in meiner seele!*

6

wenn einstein beklagt, dass man ihm neuerdings *übermenschliche kräfte des geistes und charakters andichtet* & den *grotesken gegensatz* beschreibt *zwischen dem, was mir die menschen an fähigkeit und leistung zuschreiben, und dem was ich wirklich bin und vermag* (s. 55), so erkennt sich friedlaender in dieser nüchternen erkenntnis wieder, schreibt ein grosses m an den papierrand & verwendet dieses zitat als einstieg in seine rezension im pariser tageblatt (nr. 110 vom 1. april 1934, s. 3).

7

die *bedingungslose abkehr vom kriege* (s. 68), das polarisierende *alles oder nichts* (s. 82) zur vermeidung von kriegen, einsteins politisches credo *der staat ist für die menschen da und nicht die menschen für den staat* (s. 83), seine feststellung, dass das moralische *nicht durch verstand ersetzt werden* kann, – dies alles sind erkenntnisse einsteins, denen friedlaender mit einem grossen m am rand zustimmt. ein zweimal dick unterstrichenes m steht neben dem satz: *nach meiner ansicht sollte man bei dem nächsten kriege die patriotischen frauen an die front senden statt der männer.* (s. 100) gar demonstrativ dreimal unterstrichen hat friedlaender das initial seines pseudonyms bei dem satz: *wenn wir nicht unter intoleranten, engherzigen und gewalttätigen menschen leben müssten, wäre ich der erste, der jeden nationalismus zugunsten universalen menschentums verwerfen würde!* (s. 158). friedlaender zitiert diesen satz ebenfalls in seiner rezension des buches & stellt, den gedanken einsteins fortführend, fest: *woran man wieder einmal bestätigt findet, dass der antisemitismus das beste konservierungsmittel des jüdischen nationalismus ist; und dass national-staaten anstelle der rechtsstaaten inhumaner unfug sind.*

8

friedlaenders handexemplar von *mein weltbild* ist eine fundgrube für die stellung des philosophen friedlaender zu politik, pazifismus, judentum, wissenschaft, erziehung, religion, faschismus, frauenbewegung usw., indem er die meinung des wissenschaftlers einstein entweder in kargen marginalien konterkariert (*terrible!*, s. 232) oder ihr mit grossen emms zustimmt. wo es in dem von friedlaender annotierten buch zwischen den beiden wirklich blitzt & donnert, sind die passagen, in denen einstein auf kant zu sprechen kommt. *begriffe beziehen sich auf sinneserlebnisse, aber sie sind niemals in logischem sinne aus diesen ableitbar. aus diesem grunde habe ich die frage nach dem apriori im sinne kants niemals begreifen können* (s. 231). von friedlaender wird diese passage durchgehend unterstrichen, mit ausrufezeichen am rand & mit folgender fussnote versehen: *aber dein schopenhauer nennt gerade die trle. [transzendentale] ästhetik den diamanten in kants krone.*

oder wo einstein über *die sicherheit, die bei der mathematik uns so viel achtung einflösst* schreibt & feststellt, dass diese sicherheit *durch inhaltliche leerheit erkauft* wird (s. 229), notiert friedlaender am rand *anti-kant.*

der ton der rezension ist moderat & wohlwollend. die marginalien in seinem handexemplar (*süss!*, *ei!*, 84 fragezeichen, 265 ausrufezeichen) zeugen von selbstsicherheit, schärfe & ironie. in privatbriefen aber zieht er so richtig vom leder: … *hier gibt es unerquickliche differenzen mit tante jaller, die mir übelnimmt, dass ich ihren albert einstein beschädige. nicht nur nimmt sie's mir übel, sondern sie spricht mir alle „kompetenz" dazu triftigst ab, da ich kein mathematischer physiker bin. da die tante jedoch keinen schimmer von kant/marcus hat, so versteht sie gar nicht das verbrechen, das einstein an dessen geistigem leibe und dadurch an der kultur begeht. man braucht, um dieses verbrechen nachzuweisen, keine höhere mathematik. auch einstein gehört zu den unheimlichsten verbrechern, nämlich zu den ‚unschuldigen', die ‚nicht wissen, was sie tun'… immerhin könnte, sollte, müsste dieser mann seinen rechenkopf mindestens elementar aufgeklärt haben und mindestens als anscheinend so bedeutender geist kants prolegomena kennen. er ist also nicht einmal so ganz ‚unschuldig'. aber sei sein wille auch seelensgut, so gesellt sich hier zu seinem bescheidenen herzen ein eitler kopf, der allzu bescheiden bleibt, wenn er es ablehnt, sich mit den elementen der kantischen entdeckung zu befassen. eitel: – denn er wittert, dass alsdann kant-marcus und nicht a. einstein sich als der regierende geist herausstellen würde, der auch die frömmigkeit und güte erst ‚sehend' macht…* (brief von friedlaender an seine schwester anna, 23. februar 1934, AAFMAG)

9

dem buch liegen zwei zeitungsausrisse bei: ein fragment aus dem berliner tageblatt von 1925 mit dem titel *die philosophische bedeutung der relativitätstheorie* & ein kurzer artikel *die offensive gegen einstein* aus einer unbekannten zeitung, handschriftlich datiert 25. august 1920. letzterer ist eine besprechung der ersten veranstaltung der gegner einsteins und seiner relativitätstheorie, die sich in einer *arbeitsgemeinschaft deutscher naturforscher* organisiert hatten. der rezensent (e.v.) berichtet über diesen abend: *die beruhigende erklärung des einen forschers und gelehrten, dass entsprechende massnahmen getroffen seien, um skandalmacher an die luft zu setzen, musste den rein wissenschaftlich interessierten besucher, der gekommen war, einer gelehrten auseinandersetzung, einer streng fachlichen beweisführung zu lauschen, etwas eigenartig berühren. immerhin scheint die erkenntnis, dass stuhlbeine als gegenargumente nur bedingten wert haben, auch in dieser arbeitsgemeinschaft deutscher naturforscher vorhanden zu sein. obwohl professor einstein, in einer loge sitzend, eine bequeme zielscheibe bot, wurde er doch nur mit solchen kleinen invektiven wie ‚reklamesucht', ‚wissenschaftlicher dadaismus', ‚plagiat' usw. bombardiert.*

10

kant gegen einstein ist anlässlich des einstein-jahres der erste band der *„gesammelten schriften"*, die das vollständige veröffentlichte & unveröffentlichte werk von salomo friedlaender/mynona in den kommenden fünf bis sechs jahren zugänglich machen werden. vor allem wird aus den zahlreichen nachgelassenen werken klar werden, welch eminente bedeutung mynona in den für literatur & philosophie so wichtigen ersten jahrzehnten des 20. jahrhunderts hatte & wie seine heute hochaktuelle philosophie in den entbehrungsreichen jahren des exils reifen konnte.

11

seit über dreissig jahren versuche ich vergeblich als nachlassverwalter, eine mehrbändige ausgabe seiner werke zu organisieren. ein querdenker wie friedlaender/mynona scheint jedoch nicht kompatibel mit den stromlinienförmigen erfordernissen des marktes, den die verleger heute fast ausschliesslich vertreten. ausführliche exposés & opulenter schriftverkehr mit den vermittlern des geschriebenen wortes liefen ins leere. die fritz thyssen stiftung, walter de gruyter, suhrkamp, wallstein, jüdischer verlag, aisthesis, deutscher literaturfonds, die deutsche forschungsgemeinschaft usw. sagten ab, liessen den briefverkehr schonungshalber einschlafen, indem sie briefe nicht mehr beantworteten oder haben eine bereits begonnene edition durch verweigerung von abrechnungsunterlagen & honorarzahlungen zum erliegen gebracht. seit etwa fünfzig jahren bin ich als autor & herausgeber von verlegern abhängig gewesen, habe ihr kopfnicken & ihr kopfschütteln & ihren standardsatz *bitte verstehen sie mich recht, herr geerken* über mich ergehen lassen müssen. ich habe die mehr oder weniger schlechten umgangsformen der meisten verleger jahrzehntelang ertragen, aber keinen prozess verloren.

eine rühmliche ausnahme möchte ich in dankbarkeit hier nennen: ‚verlegt bei klaus ramm in spenge' & hoffen, dass es noch ein paar andere integre ausnahmen in diesem gewerbe gibt. else lasker-schülers *ich räume auf! meine anklage gegen meine verleger* (zürich 1925) jedenfalls könnte ich beliebig fortschreiben.

12

zwei glücklichen umständen ist es zu verdanken, dass die *„gesammelten schriften"* von salomo friedlaender/mynona jetzt endlich erscheinen können. zum einen hatte sun ra vor über zehn jahren die fäden in der hand, die den philosophen detlef thiel & mich über einen schallplattentausch zusammenführten. in einem jahrelang gepflegten, seltsam grotesken briefwechsel haben wir uns nun so weit abgeklopft, dass wir an die gemeinsame herausgabe dieses buchprojekts gehen können. der zweite glücksfall ist mein entschluss, mich von der gesellschaft der verleger endgültig zu verabschieden & die sache selbst & auf eigenes risiko in die hand zu nehmen. dass die stiftung archiv der akademie der künste in berlin den nachlass von friedlaender/mynona übernommen hat, spielte bei diesem entschluss eine wichtige rolle.

Detlef Thiel

„... immer noch der große Immanuel Unbekannt" Marcus und Friedlaender/Mynona gegen Einstein

... ein Gespenst, das nun schon hundert Jahre die wissenschaftliche Welt in Ehrfurcht zu erhalten weiß.
Goethe: *Die Farbenlehre* (1808)
Des ersten Bandes zweiter, polemischer Teil, Nr. 28

Wie ein Paukenschlag – zumindest darüber sind sich alle einig, die bisher über Leben und Werk dieses Mannes schrieben – setzte Einsteins Weltruhm ein. „Die Massenmedien haben ihn entdeckt und machen ihn in einem beispiellosen Personenkult zum ersten globalen Popstar der Wissenschaft." (Neffe 2005, 13)

Friedlaender/Mynonas (im folgenden: F/M) Fragelehrbuch, vor 75 Jahren erschienen, ist ein erstaunliches Dokument der frühen Einstein-Rezeption, in der die Weichen für eine sehr komplizierte, heute noch keineswegs abgeschlossene Diskussion gestellt werden. Erstaunlich ist das Buch aus zwei Gründen.

Zum einen liefert es Anhaltspunkte für die Frage, wie es zu besagter Globalität kam. Studiert man ein wenig den Verlauf und die Struktur dieser Vorgänge, so wird man Blicke hinter allerhand ähnliche Machenschaften werfen können. Der ungeheure Aufschwung der Physik seit Mitte des 19. Jhs. – 1871 ist übrigens F/Ms Geburtsjahr – verdankt sich wohl weniger irgendwelchen subjektiven Genialitäten, auch kaum einem kollektiven kulturellen Sprung, sondern eher politischen, genauer: militärisch-ökonomischen Interessen, in Verbindung mit einem sich rasend schnell in alle Raffinessen entfaltenden Medienapparat. Einsteins Rolle in diesen Geflechten scheint bis heute nicht restlos geklärt.

Zum anderen greift das Buch über die bloß historische Dokumentation hinaus zu Perspektiven, deren Tragweite erst noch zu ermessen bleibt: zu einer aus Kants *Opus postumum* entwickelten Äthertheorie. Kundigere Leser mögen bei diesem Wort zusammenzucken: Der Äther gehört zu jenen im Europa des 19. Jhs. umgehenden Gespenstern. Doch ist zu beachten, daß Kants spätes, unvollendetes Werk fast hundert Jahre lang unzugänglich, ja verleumdet war. Erst 1882-84 wurden größere Stücke publiziert, eine vollständigere, doch immer noch unangemessene Edition erfolgte 1936/38. Man darf vermuten, daß eine frühere Veröffentlichung den Verlauf der physikalischen Forschung beeinflußt hätte.

Jedenfalls ist ‚Einstein' mehr als ein Name. Es ist Symbol einer Bedrohung des praktikablen Gefüges klassischer Kosmologie. Diese knüpft sich ihrerseits an symbolische Namen: Euklid, Ptolemäus, Kopernikus – Kant. Brandmal jener Bedrohung freilich bleibt die Atombombe. Und die Bekanntheit jenes Namens, eine neue Idolatrie, scheint als Vorbild für ungezählte spätere Autoren zu dienen. Bis auf den heutigen Tag trägt großangelegtes Theorie-Design – vulgo: Marktschreierei ehrgeiziger Weltbildkonstrukteure – verwirrende Früchte. Einige Stichworte zur Erinnerung.

Einsteins 1905 veröffentlichte Aufsätze entfalten ihre Wirkung zunächst nur beim Fachpublikum. Im Frühjahr 1914 holen ihn Max Planck, Walter Nernst, Fritz Haber und Max v. Laue von Zürich nach Berlin; er wird ordentliches Mitglied der Preußischen Akademie der Wissenschaften und seit Oktober 1917 Direktor des Kaiser-Wilhelm-Instituts für Physik. Ende 1915 kommt er auf die richtige Formel der Allgemeinen RT. Deren Zusammenfassung sowie die populäre Darstellung erzeugen breites öffentliches Interesse.[1] Bei der totalen Sonnenfinsternis am 29. Mai 1919 gelingt es, in Brasilien und in Westafrika die Lichtablenkung durch das

1 Einstein: *Die Grundlage der allgemeinen RT*, Annalen der Physik 49 (11. Mai 1916), 769-822; *Über die spezielle und die allgemeine RT (Gemeinverständlich)*, Braunschweig 1917, [10]1922, Wiesbaden [23]1988 (beide als Faksimile in CP 6). Letzteres Buch wurde von Einstein stets empfohlen.

Schwerefeld der Sonne zu messen. Am 6. November des Jahres werden in einer feierlichen Sitzung der Royal Society und der Royal Astronomical Society in London die Ergebnisse als Bestätigung von Einsteins Theorie bekanntgegeben. „Tags darauf beginnt die Einstein-Legende." Die Londoner Times verkündet eine „Revolution in der Wissenschaft".[1]

Der ‚Relativitätsrummel', die überall verbreiteten Schlagwörter – „Alles ist relativ" usw. –, die suggerierte ‚Weltanschauung', die ideologischen, nationalistischen, antisemitischen Ausbrüche bis hin zu Morddrohungen, die Anti-Einstein-Liga, die Deutsche Physik usw. – all das führt bei Einstein selbst zu gewissen Fluchtreaktionen. In den folgenden Jahren unternimmt er längere Reisen: 1921 USA (mit Chaim Weizmann), 1922 Japan, 1925 Argentinien und Brasilien usw.[2] Im Herbst 1922 wird ihm für die Entdeckung des Gesetzes vom photoelektrischen Effekt der Nobelpreis zugesprochen. Um 1925 scheint der nach dem Krieg eingetretene Boykott deutscher Wissenschaftler überwunden, die außenpolitische Situation Deutschlands durch Stresemanns Verständigungs- und Entspannungspolitik verbessert. Die Angriffe auf Einstein flauen ab, um sich alsbald, im Zuge einer allgemeinen Abdrift nach rechts, wieder zu verstärken. Einsteins pazifistische Rede in New York am 14. Dezember 1930 erregt Aufsehen. Um die Jahreswende 1932/33 ist er erneut in den USA, kehrt nicht nach Deutschland zurück, sondern nach Belgien. Im Oktober 1933 geht er endgültig nach Princeton.

Einsteins Tod im Jahr 1955 fällt in eine Phase wieder beginnender Prosperität. An europäischen und amerikanischen Universitäten blühen nicht nur die ‚harten' Naturwissenschaften, sondern auch deren

---

1 Fölsing 1993, 948; The Times (7. Nov. 1920); zitiert nach Pais 1995, 191 f. Zwischen 1919 und 1924 erscheinen allein im deutschen Sprachraum mindestens 100 Bücher pro und 70 Bücher contra Einstein, dazu tausende von Zeitungs- und Zeitschriftenbeiträgen; diese Flut erreicht ihren Höhepunkt, so Goenner 2005, 148 ff., im Jahr 1921. Eine Analyse mit umfangreicher Bibliographie (inklusive *Kant gegen Einstein*) gibt Goenner 1992.

2 „Der Gedanke, Einstein als Werbeträger zu nutzen, lag offensichtlich in der Luft." Goenner 2005, 170. Zu den Angriffen vgl. ebd. 180 ff. u. Goenner 1993a.

theoretische Bearbeitung: Epistemologie, Methodologie, *philosophy of science*. Die Wortführer der internationalen Diskussionen hatten fast alle noch jenes Jahr 1919 miterlebt: die Mitglieder des Wiener Kreises – Moritz Schlick, Rudolf Carnap, Hans Reichenbach –, Karl Popper und andere. Auch lebten noch viele Protagonisten jener Physik-Revolution. Als Niels Bohr starb, 1962, erschien Thomas S. Kuhns Buch *Die Struktur wissenschaftlicher Revolutionen*; kurz bevor Werner Heisenberg starb, 1976, kam Paul K. Feyerabends Buch *Wider den Methodenzwang* heraus.

Im folgenden eine durchaus kriminologische Skizze in drei Abschnitten: I. Einsteins Verhältnis zu Kant; II. die von Marcus und F/M vorgebrachte Kritik an Einstein, zugleich Materialien zur Genese des hier neu edierten Buches; III. dessen Quellen und Intentionen. Da es um eher unbekannte Texte und Kontexte geht, soll die Vielzahl der Zitate nicht verwundern.

I. Einstein ohne Kant?

F/Ms Titel *Kant gegen Einstein* trifft exakt das 1919 aufgebrochene Problem. Alle bisher hier genannten Autoren, die praktischen wie die theoretischen Physiker, erst recht die Philosophen, berufen sich auf Kant. Freilich in höchst unterschiedlicher Weise und mit divergenten Absichten. Einstein wußte um die Fronten. Am 8. Dezember 1919 findet er die plastische Formulierung von „der philosophischen Landeskirche der Kantianer“.[1]

Einer solchen Institution gehörten Marcus und F/M sicher nicht an, eher zählten sie – wenn sie als ‚Altkantianer‘ überhaupt etwas zählten – zu den Häretikern. Andererseits erheben sie gegen Einstein unermüdlich den Vorwurf, Kants Leistung, seine kopernikanische Revolution, zu ignorieren, insbesondere seine erkenntnistheoreti-

1 Brief an Max Born; CP 9, 280. Dazu Fölsing 1993, 538. Im selben Brief gibt Einstein Born den Rat, auf einen Artikel von Robert Drill in der FZ besser nicht zu reagieren. Drill (zu ihm unten) hatte sich gegen Borns Behauptung gewandt, daß Einsteins Theorie Kants Raum- und Zeitlehre widerlege. Denselben Rat gibt Einstein an Schlick: Drill schreibe „einen elenden Quatsch“ (8. Dez. 1919; CP 9, 282).

sche Grundlegung der Physik zu verkennen. Die früheste Erwähnung findet sich in F/Ms scharfer Kritik an Walther Rathenaus Erfolgsbuch *Von kommenden Dingen* aus dem Jahr 1917:

> „Charakteristisch für das Dunkelmannstum Rathenaus ist seine verständnislose Bekämpfung der Kantischen Ethik und Erkenntnistheorie. Der Glaube triumphiert sogar über die Mathematik, über Euklid: da sehen die Herren ‚Metageometer' die üblen Folgen ihrer erkenntniskritischen Ahnungslosigkeit. Professor Einstein hat freilich Zeit genug, Kant nicht zu studieren – ja, das Nichtstudium Kants führt leicht zur Weltberühmtheit." (GS 2, 514)

Was so beiläufig klingt – Mangel an ‚Zeit' –, trifft allerdings den zentralen Punkt. Am 24. Oktober 1916 schreibt Einstein seinem Freund Paul Ehrenfest in Leiden: „Hume hat wirklich gewaltigen Eindruck auf mich gemacht. Gegen ihn kommt mir Kant recht schwach vor, habe mir aber aus Zeitersparnis abgewöhnt, diese These zu verfechten." (CP 8, 346) Mit dem Bekenntnis zu Hume war es Einstein Ernst. Das zeigt eine Schlüsselstelle:

> „Ich lese hier unter anderm Kants Prolegomena und fange an die ungeheure suggestive Wirkung zu begreifen, die von diesem Kerl ausgegangen ist und immer noch ausgeht. Wenn man ihm nur die Existenz synthetischer Urteile a priori zugibt, ist man schon gefangen. Das ‚a priori' muß ich in ‚konventionell' abschwächen, um nicht widersprechen zu müssen, aber auch dann paßt es nicht in den Einzelheiten. Immerhin ist es sehr hübsch zu lesen, wenn auch nicht *so* schön wie sein Vorgänger Hume, der auch bedeutend mehr gesunden Instinkt hatte."[1]

Was Einstein über Kants Wirkung sagt – gilt es nicht eher für seine, Einsteins Wirkung? Wenn er den Apriorismus zu einem Konventionalismus „abschwächen" will, so ist das streng genommen eine Entgegensetzung; eben diese Opposition bildet den Streitpunkt der gesamten Debatte: Der Apriorismus habe zuwenig „gesunden Instinkt". Im Kant-Jahr 1924 schreibt Einstein in einer Rezension:

1 Brief an Max Born, nach 29. Juni 1918, aus Ahrenshoop, Pommern (CP 8, 818).

> „Winternitz behauptet also mit Kant, daß Wissenschaft sei eine gedankliche Konstruktion auf Grund von Prinzipien a priori. Daß das Gebäude unserer Wissenschaft auf Prinzipien ruht und ruhen muß, die nicht selbst aus der Erfahrung stmmen, das wird wohl ohne Zweifel anerkannt werden. Bei mir fängt der Zweifel erst an, wenn nach der Dignität jener Prinzipien gefragt wird, bezw. nach ihrer Unersetzlichkeit. Sind jene Prinzipien wenigstens zum Teil so beschaffen, daß Wissenschaft mit ihrer Abänderung unverträglich ist, oder sind sie insgesamt bloße Konventionen wie das Ordnungsprinzip der Wörter in einem Lexikon? W. neigt zu der ersteren Auffassung, ich zu der letzteren." (Einstein 1924a, 21 f.)

Bereits am 14. Dezember 1915 vermerkt Einstein in einem Brief an Schlick: „Das Vertrauen auf die ‚apodiktische Gewißheit' der ‚synthetischen Urteile a priori' wird schwer erschüttert durch die Erkenntnis der Ungültigkeit auch nur eines einzigen dieser Urteile."[1] Vier Jahre später, in einem programmatischen Aufsatz im Berliner Tageblatt, erklärt er: Theorien, ja Grundgesetze werden nicht durch Sortieren einzelner Tatsachen erkannt oder durch Induktion erschlossen, sondern durch „intuitive Erfassung des Wesentlichen eines großen Tatsachenkomplexes". Das ist ein schöpferischer Akt. Ihm folgt der handwerkliche Teil, das Deduzieren oder mathematische Herleiten von Folgerungen und ihr Vergleich mit den Erfahrungen.

> „Eine Theorie kann also wohl als unrichtig erkannt werden, wenn in ihren Deduktionen ein logischer Fehler ist, oder als unzutreffend, wenn eine Tatsache mit einer ihrer Folgerungen nicht im Einklang ist. Niemals aber kann die Wahrheit einer Theorie erwiesen werden. Denn niemals weiß man, daß auch in Zukunft keine Erfahrung bekannt werden wird, die ihren Folgerungen widerspricht ..." (Einstein 1919)

Das war freilich auch Marcus bekannt: „Nach einem Prinzip der Naturwissenschaft, das unumstößlich ist, ist eine Hypothese falsch,

---

1 CP 8, 220. Einstein lobt Schlicks Studie *Die philosophische Bedeutung des Relativitätsprinzips* (Zeitschrift f. Philosophie u. philos. Kritik 159, 1915). Vgl. Fölsing 1993, 537 f.

wenn sie auch nur mit einer *einzigen* Erfahrungstatsache in Widerstreit tritt."[1] Läßt sich aber dieses naturwissenschaftliche, also praktisch-empirische Prinzip einfachhin übertragen auf transzendentale Betrachtungen – auf Kants Frage, wie Erfahrung überhaupt möglich sei? Was beabsichtigt das Lehrstück vom Apriorismus denn anderes als die *zukünftige* Begegnung mit dem Objekt? Wie also kann sich der Übergang von der Metaphysik zur Physik vollziehen? Zwischen den beiden Territorien der reinen und der angewandten Naturwissenschaft, der Freiheit und der Natur, dem Rationalen und dem Empirischen, gähnt eine Kluft. Sie soll nicht in einem Sprung (*saltus*), mit einem „gefährlichen Schritt (*salto mortale*)" überwunden werden. Sondern es geht darum, zwischen beiden Ufern eine Brücke zu schlagen und dabei die Regel zu beachten:

> „(nach dem schertzenden Spruch eines Philosophen) es zu machen wie die Elephanten die nicht eher einen der 4 Füße einen Fuß weiter setzen als bis sie fühlen daß die andern drey feststehen".[2]

Der Brückenbauer kann die Statik der Brücke schon berechnen, bevor er noch auf der anderen Seite der Schlucht war, sofern er eben nach Prinzipien a priori baut. Das ist Kants Idee einer „materialen Antizipation".[3] Sie ist niemals bis ins Ohr der Rela-

---

1 Marcus 1926a. Bekanntlich hat Popper dieses Prinzip zu einer negativen Methode (Falsifikation) ausgebaut.

2 Kant: *Opus postumum* (Ak XXII, 279 u. 387).

3 Ausdruck von Vittorio Mathieu, einem Kenner des *Opus postumum*; vgl. Blasche 1991, XXII f. Kants Idee wird etwa von Fölsing 1993, 541 zerstört, wenn er, Einsteins Aufsatz zusammenfassend, schreibt: „Weil nun die Grundgesetze [!] einer Theorie nicht fest und unabänderlich in Tatsachen verankert sind [!], kann ihnen prinzipiell [!] nur ein hypothetischer Charakter zugesprochen werden, und das kommt einem Verzicht auf den alten und ehernen Anspruch der Wahrheit gleich." In diesem Abschnitt seiner Biographie, in dem Fölsing Aussagen Einsteins über Kant zusammenstellt, ist ein spöttischer Zug nicht zu überhören. Wie andere Biographen erwähnt er gerne, daß Einstein die *Kritik der reinen Vernunft* las – im Alter von dreizehn Jahren! – und daß er 1902 an der ETH Zürich ein Kant-Seminar belegte (Fölsing 1993, 38 u. 83; vgl. CP 8, 347). Mit welchem Erfolg auch immer – derlei juvenile Anläufe sollten nicht überbewertet werden.

tivisten gedrungen. Der kleine erkenntnistheoretische Exkurs zu Beginn von Einsteins Autobiographie bestätigt die Kontinuität seines Denkens. Wenn er die Sinnen-Erlebnisse scharf unterscheidet von den in Büchern niedergelegten Begriffen und Sätzen, so war ihm zwar besagte Kluft bewußt, nicht aber die Idee jenes Königsberger *pontifex*. Einstein bleibt in vorkantischer Schematik befangen, wenn er die Begriffssysteme als „logisch gänzlich willkürlich" bezeichnet:

> „Hume erkannte klar, daß gewisse Begriffe, z. B. der der Kausalität, durch logische Methoden nicht aus dem Erfahrungsmaterial abgeleitet werden können. Kant, von der Unentbehrlichkeit gewisser Begriffe durchdrungen, hielt sie – so wie sie gewählt sind – für nötige Prämissen jeglichen Denkens und unterschied sie von Begriffen empirischen Ursprungs. Ich bin aber davon überzeugt, daß diese Unterscheidung irrtümlich ist, bezw. dem Problem nicht in natürlicher Weise gerecht wird. Alle Begriffe, auch die erlebnis-nächsten, sind vom logischen Gesichtspunkte aus freie Setzungen, genau wie der Begriff der Kausalität." (Einstein 1949a, 12)

Solcher Relativismus ist ein Nominalismus, für den alle Allgemeinheiten (Universalien), im Gegensatz zu den Einzelheiten (Singularien), bloße *flatus vocis* bilden. In dieser Sphäre, in der es nur Konventionen, willkürliche oder „freie" Setzungen gibt, können wir also machen, was wir wollen. Absolute Geltungen gibt es nur in einem ganz anderen Bereich; Wilhelm von Ockham etwa faßte dies theologisch, Einstein nennt es „kosmische Religiosität". Für Kant freilich sind die transzendentalen Ideen keine einfachen Begriffe, sie können nicht gewählt werden und niemals als Prämissen des Denkens dienen. Sondern es sind Entwürfe der Vernunft, um Erfahrung überhaupt möglich zu machen. Amphibolie, heißt es im *Opus postumum*, ist die Verwechslung eines logischen Grundes und des Kausalgesetzes; für den Verstand gilt nicht, was für das Sinnenobjekt gilt (Ak XXII, 313 u. 315).

Indem Einstein auf Hume zurückgreift, ignoriert er nicht nur Kants Überwindung von dessen Skeptizismus und Metaphysikfurcht; er blendet auch die mächtige Tradition eines sozusagen negativen Denkens aus, die Apagoge, den indirekten Beweis.[1] Der individuelle schöpferische Akt steht am Beginn, ihm folgt das Prüfen, Vergleichen, Messen. Das „Entwerfen nach einer Idee“ (Kant) führt zu einem Produkt meiner Vernunft. Erkläre ich dieses unentwegt für ‚hypothetisch', ‚approximativ', ‚relativ', so werfe ich das einzig sichere Instrument weg, das ich haben kann, das Gebilde der Vernunft, den Maßstab. Die von Einstein so betonte Intuition, der kreative Moment, entspricht allerdings der zentralen Idee Kants, der Theorie des aktiven, spontanen Bewußtseins.[2] Doch kann der ausdrückliche Versuch, Kant zu *umgehen*, nicht dadurch sanktioniert werden, daß man, wie allzuviele Autoren *nach* Einstein, in unzähligen Varianten die Meinung nachplappert, durch eine physikalische Revolution sei Kant ‚überwunden', ‚veraltet', ‚erledigt'. F/Ms Antwort lautet: Wer so redet, hat Kant nicht verstanden – hat vor allem nicht begriffen, daß Kant noch die Vorgaben für Einstein liefert.

Sicher, die Dinge sind sehr verwickelt. Max v. Laue, Einsteins Förderer und Freund, Verfasser der ersten Monographie über das Relativitätsprinzip (1911), 1914 für seine Entdeckung der Beugung von Röntgenstrahlen beim Durchgang durch Kristalle mit dem Nobelpreis ausgezeichnet, schreibt in seiner Autobiographie:

> „Ich habe nie ein philosophisches Kolleg gehört, aber mich viel und eingehend mit Kantischer Philosophie beschäftigt. Ich las anfangs die Darstellung Kuno Fischers in seiner Geschichte der Philosophie, später und dann immer wieder von neuem Kants Kritik der reinen Vernunft, auch andere seiner Werke, vor allem die zur Ethik. Die Anregung dazu stammte aus der Gymnasialzeit [...], aber erst in den Universitätsjahren wurde ich reif, Philosophie, wie ich meine, zu verstehen. Sie hat mein Dasein von Grund aus umgestaltet, selbst die Physik scheint mir seitdem ihre eigentliche Würde nur daher zu beziehen, daß sie ein wesentliches Hilfsmittel der Philosophie abgibt.

1 Das geht bis auf den platonischen *Timaios* zurück. Vgl. Thiel 2001.

2 Zu diesem Ergebnis gelangt Conti 1984, 110. An der Rolle der Intuition hat Einstein stets festgehalten; vgl. etwa CP 7, 220 Anm. 3. Ist es nebensächlich, daß im Jahr 1918 F/Ms *Schöpferische Indifferenz* erschienen war? Dort heißt es etwa: „Und alles Relative ist nur Polarisation [...] des Absoluten.“ (26)

Wie ich denn überhaupt die Auffassung habe, daß sich sämtliche Wissenschaften um die Philosophie als ihr gemeinsames Zentrum herumgruppieren müssen und daß der Dienst an ihr ihr eigentlicher Zweck ist.“[1]

Marcus und F/M gegen Einstein

Ernst Marcus, geboren 1856 in Kamen, Westfalen, studiert Jura in Bonn und Berlin und wird ab 1885 in verschiedenen westfälischen Städten als Assessor und Richter tätig; seit seiner Ernennung zum Amtsrichter 1890 lebt er in Essen. Kurz vorher gelangt er durch Lektüre Schopenhauers zur Beschäftigung mit Kant. 1899 begegnet ihm F/M, der jedes Jahr einige Wochen bei seinem Schwager, dem Rabbiner Salomon Samuel in Essen verbringt.[2] Marcus wird F/Ms Lehrer, dieser weist seit 1917 immer eindringlicher auf jenen hin. Im selben Jahr 1899 veröffentlicht Marcus sein erstes Buch.[3] Es folgen vier Bücher,[4] mehrere Aufsätze von Buchformat und Rezensionen, letztere meist in der Frankfurter Zeitung. Deren Chefredakteur war bis 1933 Robert Drill, Ökonom, Kulturkritiker, Kantianer und Förderer von Marcus. Dieser setzt nach einer Pause zwischen 1910 und 1917 die Reihe seiner Publikationen fort: sechs Bücher und viele kleinere Texte. Nach Marcus' Tod am 30. Oktober 1928 widmet sich F/M noch energischer seinem Erbe:

1 Laue 1961, XVI. Laue, geb. 1879 in Pfaffendorf bei Koblenz, legte 1898 am protestantischen Gymnasium Straßburg das Abitur ab. Zu einem weiteren wichtigen Zeugnis Einsteins in Sachen Kant, der Elsbach-Rezension, vgl unten, Nr. 56.

2 Von der ersten Begegnung mit Marcus erzählt F/M im *Mahnruf*, 7 ff.

3 Marcus: *Die exakte Aufdeckung des Fundaments der Sittlichkeit und Religion und Die Konstruktion der Welt aus den Elementen des Kant. Eine Erhebung der Kritik der reinen und der praktischen Vernunft zum Range der Naturwissenschaft*, Leipzig 1899 (XXXI+240+161 S.).

4 Darunter *Kants Revolutionsprinzip*, 1902; *Logik. Einführung in Kants Kategorienlehre*, 1906, [2]1911; *Das Gesetz der Vernunft und die ethischen Strömungen der Gegenwart. Eine Einführung in Kants Metaphysik der Sitten*, 1907; 2. Aufl. unter dem Titel: *Der Kategorische Imperativ*, 1921.

> „Mit dem Zuruf: ‚Ich sehe in Ihnen auch die Hauptstütze meiner Bestrebungen' hat er mich legitimiert, in seinem Namen weiterzuwirken, auch wenn die Hoffnung, die er mir aussprach: ‚Hoffentlich werden *Sie* wenigstens sich noch des Erfolges freuen können', wie es den frappanten Anschein hat, zunichte werden sollte. Ist doch bekanntlich unsere interessante ‚Moderne' längst über Kant hinaus .... nicht wahr?"[1]

Eine präzise Charakterisierung von Marcus' Philosophieren ist derzeit kaum möglich. Seine Veröffentlichungen müssen erst noch dem Bibliotheksstaub entrissen werden. Zwar erschienen Rezensionen seiner Bücher auch im Ausland, seit 1905 in *The Philosophical Review* (New York) und in Frankreich, doch gehört er bis heute zu den vergessenen Philosophen – mehr noch als F/M, der von schärfer hinsehenden Germanisten gelegentlich wahrgenommen wird. Die akademische Betriebsamkeit hat bei all ihrem philosophiehistorischem Eifer diese beiden Altkantianer noch nicht wiederentdeckt. Selbst die überspezialisierte Kantforschung ist achtlos an einem so gründlichen Geist wie Marcus vorübergegangen – um zu schweigen von F/M, der Kant so lebendig inszeniert hat wie kein anderer.[2] Marcus setzte sich zum Ziel, „der Lehre Kants eine neue Darstellung zu geben", die deren Verständnis übertragbar macht, und er spricht einmal von „*angewandter* Transzendentalphilosophie" (Marcus 1925b, V u. 20). „Immanuel Kant hat nur das Stenogramm der Wahrheit geliefert, und die Entzifferung ist bisher eigentlich nur Marcus gelungen." (*Mahnruf*, 46)

Auf F/Ms Anregung beginnt Marcus die Einstein-Literatur intensiv durchzuarbeiten.[3] Jener schreibt am 10. September 1920 aus

---

1 F/M: *Ernst Marcus' philosophischer Nachlaß* (1930; GS 3, 825). Der Zuruf steht in einem Brief an F/M, 21. April 1919 (ULB).

2 Etwa in *Kant und die sieben Narren* (GS 6). Die Fortsetzung der von Gottfried Martin und Gerd Hergen Lübben begonnenen Marcus-Ausgabe (Bonn 1969 u. 1981) ist ein Desiderat. Marcus' Aufsätze und Rezensionen enthalten vieles, was über die zeitgenössischen Debatten hinausreicht und in der aktuellen Kantforschung zu diskutieren bleibt.

3 F/M an Marcus, 11. Okt. 1918 (AAFMAG): „Sie sollten auch einmal [...] auf den Albert-Einstein-Rummel eingehen: dieser Mathematiker gilt ja jetzt unendlich mehr als Newton und Kopernikus und ist der Hauptheld der Moderne geworden."

Essen an seinen Freund Alfred Kubin: „Ich habe hier interessante Gespräche mit (dem jetzt 64jährigen) Ernst Marcus über ‚Kant contra Einstein'." Sechs Wochen später, am 25. Oktober:

> „Marcus wird gegen Einstein polemisieren: insbesondre gegen die Bevorzugung des lediglich Mathematischen vor dem Dynamischen, und gegen die metageometrischen Interpretationen gewisser Formeln. Der Raum werde aus Dimensionen nicht erzeugt, nur konstruiert." (*Briefe Kubin*, 131 u. 133)

Der genaue Gegenstand jener Gespräche läßt sich nicht ausmachen – *Kant contra Einstein* ist der Titel einer im selben Jahr 1920 erschienenen Broschüre von Leonore Ripke-Kühn.[1] Doch tragen sie bald Früchte. In seiner ausführlichen Rezension zu Emanuel Laskers Buch *Philosophie des Unvollendbar* (1919) wirft F/M dem Schachweltmeister vor, er mißverstehe „Kants Grundidee der absoluten Vollkommenheit, ohne welche wir die Welt der Erfahrung ja gar nicht unvollkommen, unvollendbar finden könnten", und er verwechsle Kants praktische Vernunft mit einem „modernen Pragmatismus", „bei dem die Wahrheit aus Utilität erwächst". Doch schreibt er auch:

1 Ripke-Kühn: *Kant contra Einstein*, Erfurt 1920 (Beiträge zur Philosophie des deutschen Idealismus, Beiheft 7; 40 S.); Auszüge in *Hundert Autoren*, 98 f. Die Verfasserin, aktiv in der Deutsch-Nationalen Volkspartei (Goenner 1993b, 266), war Redakteurin der von Axel Ripke 1912 gegründeten und von der nationalliberalen Partei unterstützten politischen Monatsschrift *Der Panther*. Diese „vertrat vorwiegend eine imperialistische Politik. Während des Krieges zeigte die Zeitschrift eine unmißverständlich patriotische Linie." (Göbel 1975, 689 Anm. 42) Ripke-Kühn war 1916 in die (bis heute nicht gründlich aufgearbeitete) Affäre verwickelt, die zum Rücktritt des Herausgebers der *Kant-Studien*, Bruno Bauch, führte (vgl. Paetzold 1995, 128 f.). Zu Ripke-Kühn, Ilse Schneider und Ewald Sellien bemerkt Reichenbach 1921, 342: „Diese Richtung will nicht zugeben, daß die Einsteinsche Lehre sich auf den Inhalt der Raum-Zeit-Anschauung bezieht; sie betreffe nur die Messung von Raum- und Zeit-Größen, nicht Raum und Zeit selbst." – Vermerkt sei ein weiterer Buchtitel *Kant gegen Einstein:* Pagels 1992. Der sich als „Realist" bezeichnende Rostocker Autor, der 1992 noch ein Buch (Kant gegen Marx, Engels, Lenin) vorgelegt hat, bietet nicht ohne Humor eine belesene Kritik der RT.

> „Verdienstvoll ist Laskers Kritik der Einsteinschen Relativitätstheorie. Dieser berühmte Mathematiker muß leider den Dilettanten beigezählt werden, welche ahnungslos die kritische Logik Kants verletzen. Einsteins *logischer* Ansatz ist verfehlt. Die Grundlage der Naturerkenntnis hat nach ihm prinzipiell hypothetischen Charakter, und die Wahrheit einer Theorie kann niemals erwiesen werden."[1]

Das bezieht sich auf den oben zitierten Aufsatz Einsteins von 1919. Der berühmte Mathematiker verkennt, was Kant eingesehen hatte: „Keinerlei zukünftige Erfahrung kann die transzendental logischen Gesetze umstoßen, auf denen der gesetzliche Zusammenhang der Natur beruht, und ohne welche die Naturerkenntnis unmöglich wäre." Der Raum, so F/M weiter, wird aus Dimensionen konstruiert, aber nicht erzeugt. Deshalb ist die vierte oder n-te Dimension „ein Begriff ohne Gegenstand, also sinnlos". Trotz allem erkennt F/M den Bundesgenossen an: „Laskers Protest gegen die Einsteinschen Paralogismen ist von Kantischem, echt kritischem Geist erfüllt und wird die Relativitätstheorie hoffentlich [!] von aller logischen Unsauberkeit reinigen." (GS 3, 636)

Im Februar 1921, wenige Wochen nach der Lasker-Rezension, erscheint im BBC F/Ms Aufsatz *Kant und Albert Einstein.* Er faßt Marcus' Ansichten zusammen: Philosophie bzw. Weltanschauung hängt nicht – wie etwa die Marburger Neukantianer meinen – von naturwissenschaftlicher Erfahrung ab, sondern umgekehrt: „Der philosophierende Geist ist entweder das Apriori aller Erfahrung oder nichts. Mit anderen Worten: er ist Kantisch oder er ist nicht. Kant nun ist Relativist, indem er einsieht, daß die gesamte Erkenntnis in Relationen besteht." (GS 3, 643) Einstein leistet nicht die Revolution der bisherigen Physik, sondern die mathematisch präzisere Ausführung der alten Basis mit verfeinerten Meßmethoden. Allerdings ersetzt er den Dynamismus durch einen Schematismus: Statt nach Begründungen zu suchen und über das Verhältnis von Ursache und Wirkung Rechenschaft zu geben, beschreibt er nur das

1 F/M: *Emanuel oder Immanuel? Eine Kritik der Laskerschen Philosophie des „Unvollendbar"* (1921; GS 3, 633 ff.; dort auch das hier in den Titel gesetzte Zitat).

Früher und Später der Phänomene. Damit werden Anschaulichkeit und Gewißheit, kurz: der Geist aus der Wissenschaft ausgetrieben. Das Schwelgen im Paradoxen und Irrationalen bringt die ethischen Grundlagen ins Schwanken und beschwört die Gefahr sittlicher Schädigung herauf. –

Schnitt mit dem Küchenmesser Dada durch die letzte weimarer Bierbauchkulturepoche Deutschlands – Hannah Höchs berühmte, oft analysierte Collage, ausgestellt auf der 1. Internationalen Dada-Messe, Kunsthandlung Burchard, Berlin, 25. Juli-25. August 1920, enthält eine andere Reaktion auf Einsteins Popularität (s. Abb.): „Am Hirn Einsteins klebt ein Zettel: ‚S. Friedlaender: Der Waghalter der Welt'", bemerkte Gertrud Jula Dech.[1] Über zwanzig Jahre später hat Bettina Schaschke genauer hingesehen:

> „Daß die Dadaisten zwischen Standpunktlosigkeit und Standpunktabhängigkeit eine [...] Verbindung konstruierten, läßt sich interessanterweise an einem dadaistischen Hauptwerk ablesen: In Höchs *Schnitt mit dem Küchenmesser Dada* [...] klebt in der linken oberen Ecke ein Porträt Einsteins in nachdenklicher Haltung. Auf dessen Stirn hält ein in seinem Maßstab riesig wirkendes Insekt den Schriftzug ‚S. Friedlaender: Der Waghalter der Welt'." Fußnote: „Die in die Waagerechte kippende Zahl 8 auf Einsteins Auge in Höchs Collage, das Zeichen für Unendlichkeit in der Arithmetik, bezieht sich höchstwahrscheinlich ebenfalls auf Friedlaender, der mit ihr auch den Nullpunkt oder das Nichts der Welt mit den zwei Polen Sterben und Werden bezeichnete."[2]

Diese Vermutung hat Ralf Burmeister (2007, 18 ff.) vor kurzem bestätigt: Die Lemniskate, die ebene algebraische Kurve 4. Ordnung, von der Form einer liegenden Acht, „bezeichnet in Friedlaenders lebensphilosophischem Entwurf die Integration aller polaren Gegen-

1 Dech 1981, 121 f. Ebd. 145 Anm. ist auch *Kant gegen Einstein* erwähnt.

2 Schaschke 2004, 16 (mit Bezug auf Hanne Bergius: *Montage und Metamechanik. Dada Berlin – Artistik von Polaritäten,* Berlin: Mann 2000, 100); vgl. 65 ff.

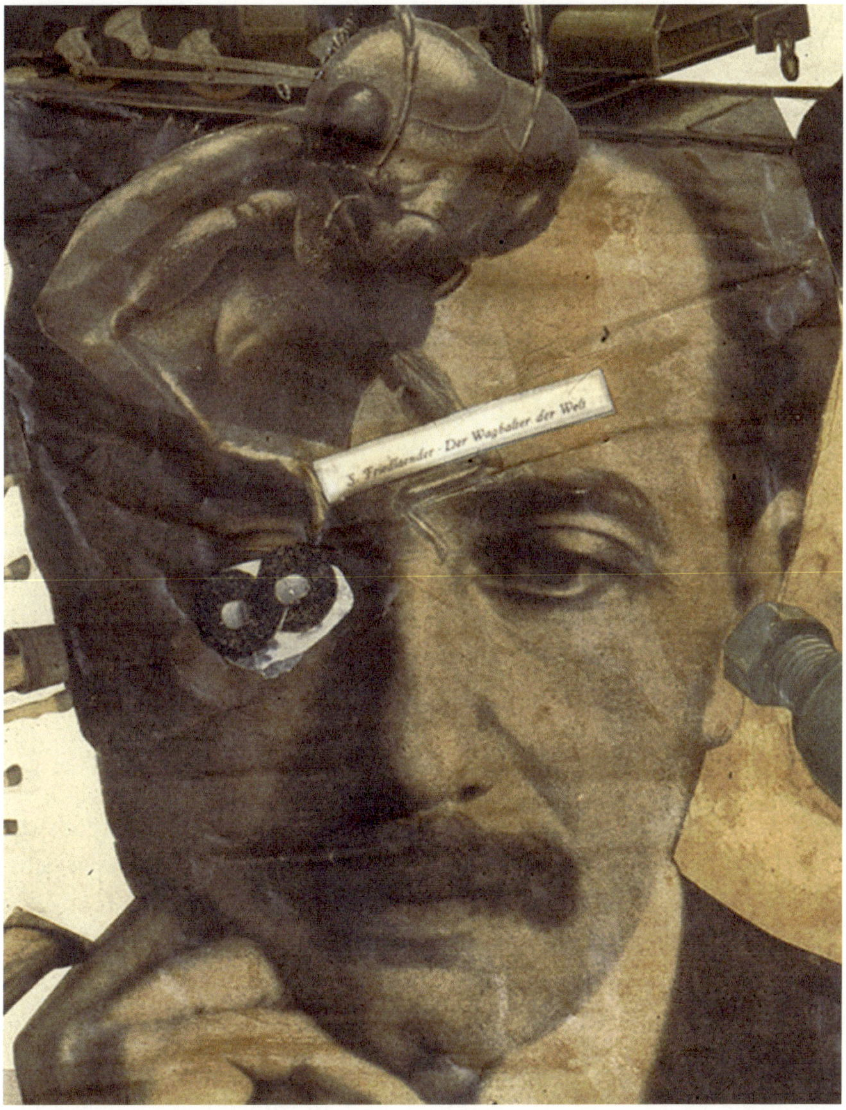
S. Friedlaender · Der Waghalter der Welt

sätze in der Mitte eines Ich oder Selbst, einer gedachten schöpferischen Person, dem sogenannten ‚Waghalter der Welt'." In der Tat hat F/M in einigen Texten aus den Jahren 1911/12 das Zeichen ∞ verwendet. In *Goethe contra Newton* (Juli 1911) schreibt er:

> „Denn es gibt nur *eine* Tatsache, dieselbe, die der Mathematiker mit dem Zeichen ∞ zu verstehen gibt, und zu dieser, der Unendlichkeit, Ewigkeit, Proteität, zur Unerschöpflichkeit in jeglichem Betrachte, steht der Philosoph lebendig, mitteninne, verantwortlich, persönlich sich identifizierend; der Gelehrte eunuchisch deskriptiv."[1]

Der Aufsatz *Der Waghalter der Welt*, erschienen in *Die weißen Blätter*, Anfang Juli 1915, wurde, in drei Teile zerstückelt und ohne den ursprünglichen Titel, aufgenommen in *Schöpferische Indifferenz*. Dort bezeichnen − ∞ und + ∞ den negativen und den positiven Pol, etwa Sterben und Werden.[2] Doch zu dieser Zeit hatte F/M die Schreibweise bereits aufgegeben. In seiner Auseinandersetzung mit Henri Bergson erklärt er Ende 1913:

> *„alle Relativität ist polare Differenzierung des Selben.* Danach wäre das ‚*Absolute*' weder, wie der positivistische Realismus behauptet, chimärisch; noch, wie der (Kantische) Idealismus will, transzendent: sondern *das intrikat implizierte Relative selbst, also Intuition seiner Distuition.*"[3]

Das auf solche urdynamische Weise verstandene Absolute als die „wahre Zentralsonne aller Sinnlichkeit" (ebd.), Neutrum, Balanceur, Waghalter zwischen den *beiden* ∞ – dies hatte Hannah Höch, wie ihr damaliger Lebensgefährte Raoul Hausmann fleißige Schülerin F/Ms, wohl im Sinn, als sie jenen Schriftzug aus der Kopfzeile der

---

1 GS 2, 304 f. Weiteres in *Das Geheimnis des Mutes* (Juli 1911; GS 2, 298 f.), *Zur Kritik der Sinne* (Sept. 1911; GS 2, 312) sowie in der Groteske *Fasching der Logik* (Feb. 1912; GS 7). In dem frühen programmatischen Aufsatz *Fingerzeig zur Wiederbelebung der Metaphysik* werden 0 und ∞ als die beiden Extreme einer jeden Zahl bezeichnet (GS 2, 137).

2 *Schöpferische Indifferenz*, 55. Die ersten 20 Seiten von *Waghalter* bilden Skizze 13 (*Weltperson*); die nächsten elf Seiten den Anfang von Abhandlung 2, die restlichen vier Seiten deren Schluß.

3 *Henri Bergsons Metaphysik* (1913; GS 2, 367).

Weißen Blätter ausschnitt und lemniskatisch, bändergeschmückt, Einstein zu bedenken gab.

Anfang Juni 1921 wird F/Ms Groteske *More geometrico* gedruckt. Sie beginnt so:

> „Professor Aribert Neinstein vom Mathematischen Seminar hatte seinen Vortrag beendigt und seine Zuhörer in Bewunderung und Verwirrung gesetzt, indem er die unfehlbare Sicherheit der elementaren mathematischen Axiome grundsätzlich problematisierte; man kennt ja die weltberühmten relativistischen Firlefanzereien der modernen Skepsis nur allzuwohl." (GS 8)

In „Aribert" ist ‚arisch', ‚Arier' zu erkennen – Einstein, seit 1901 Schweizer Bürger und seit 1914 preußischer Beamter, hatte am 1. Juli 1920 den Eid auf die Weimarer, am 15. März 1921 auf die Preußische Verfassung geleistet, aus welchen Gründen auch immer. Daher betrachtete ihn das Nobelpreiskomitee 1922 als Deutschen. „Neinstein" zielt auf ein ‚modernes' skeptisches ‚Nein' zu den klassischen Grundlagen der Logik.

Die Verballhornung begegnet oft in F/Ms „Berliner Nachschlüsselroman" *Graue Magie* von 1922.[1] Dort wird Kants Äthertheorie in grandiosen Szenen praktisch vorgeführt, und zwar als Übersteigerung gewisser „hyperamerikanischer Methoden": Plötzlich tauchen überall in Berlin „Kurbel-Automaten" auf und verschwinden gleich wieder; es sind Filmkameras, „welche die Vorgänge ohne persönliche Bedienung festhalten"; die so erzeugten Live-Sequenzen werden in einem geheimnisvollen Studio zu Kinofilmen geschnitten, die wegen ihrer Mischung von Authentizität und Fiktion ungeheure Publikumserfolge haben (ebd. 57, 95 u. ö.). In diesem Kontext wird der „unter Mitwirkung ‚namhafter' Gelehrter veranstaltete" Einstein-Film erwähnt (ebd. 261 u. 214). Es handelt sich um einen Anfang April 1922 in Berlin uraufgeführten Dokumentar- und Unterrichtsfilm in drei Teilen (I. Relativität des Standpunktes, II. Relativität der Bewegung, III. Längen- und Zeitmaße abhängig vom Bewegungszustand des Zuschauers) der Colonna-Film, Berlin (amerikanische Fassung:

1 *Graue Magie,* 54, 166 u. ö. Auch von Michelsons Experiment und vom „Einsteinismus" ist die Rede (ebd. 180, 8, 240, 246).

Premier Pictures), „nach Manuskripten und unter der Mitwirkung von Dr. Otto Buek, Prof. Dr. Fanta (Prag), Dr. R. Lämmel (Zürich) und Prof. G. F. Nicolai".[1]

1925 betont F/M in einer Rezension, der Kantianer Ludwig Goldschmidt erbringe „den strikten Beweis, daß Albert Einstein (gleich berüchtigten Mustern, zu denen auch Helmholtz gehört) die Naturwissenschaft mit einer Metaphysik verunreinigt, deren Irrtümer sich aus seichter logischer und transzendentallogischer

1 Goenner 2005, 160 f. Fölsing 1993, 392: „ein sonst nicht weiter bekannter Dr. Otto Buek"; Pais 1995, 340 Anm. 132: „Von Otto Buek ist mir lediglich bekannt, daß er in den 20er Jahren Zeitungskorrespondent in Argentinien war." Buek (St. Petersburg 1873 - 1966), Schüler Hermann Cohens, Mitarbeiter an Cassirers Kant-Ausgabe, Übersetzer und Herausgeber russischer und spanischer Autoren (Gogol-Edition in 8 Bänden, 1909-14; Unamuno u. a.), besorgte die zweite Auflage von *Immanuel Kants kleinere Schriften zur Naturphilosophie* (Leipzig 1909, zuerst Leipzig 1872, hg. u. erläutert v. Julius H. v. Kirchmann; Philosophische Bibliothek, Bd. 48; neue Auflage unter dem Titel: *Geographische und andere naturwissenschaftliche Schriften*, unter Verwendung des Textes v. Buek hg. u. eingel. v. Jürgen Zehbe, Hamburg 1985, Philos. Bibl., Bd. 298). Einstein besaß Bueks Ausgabe (vgl. CP 8, 383 Anm.). Als Reaktion auf jenen fragwürdigen *Aufruf an die Kulturwelt* vom 11. Okt. 1914, unterzeichnet von 93 Personen des öffentlichen Lebens, verfaßte Buek zusammen mit Georg Friedrich Nicolai und Einstein einen *Aufruf an die Europäer*, der jedoch nur von den drei Genannten sowie dem Astronomen Wilhelm Julius Förster unterzeichnet und 1917 veröffentlicht wurde (Ndr. in CP 6, 69 f.). – Fanta ist, wie Goenner vermutet, der Sohn von Berta Fanta, Anhängerin Steiners und Mitglied eines Kreises um Hugo Bergmann in Prag um 1911, dem Max Brod, Oskar Kraus und Einstein selbst angehörten und in dem u. a. Kants *Prolegomena* und die KrV studiert wurden (vgl. Fölsing 1993, 321). – Lämmel (1879-1962), Reformpädagoge und Gymnasiallehrer in Zürich, später Nazigegner, hatte sich (in der *Umschau*) beklagt, daß sein Filmscript vom Nov. 1920, das der Berliner Filmindustrie und der staatlichen Stelle angeboten wurde, bis Sept. 1921 warten mußte. Er publiziert 1921 die Arbeiten *Wege zur RT* und *Grundlagen der RT. Populärwissenschaftlich dargestellt*; es folgen: *Sozialphysik. Naturkraft, Mensch und Wirtschaft* (1925) und *Die menschlichen Rassen. Eine populärwissenschaftliche Einführung in die Grundprobleme der Rassentheorie* (Zürich 1936). – Einstein protestierte gegen die Meinung, er selbst sei wie auch immer an diesem Film beteiligt (Einstein: *Professor Einstein und der Einstein-Film*, BT, 2. Juni 1922); der Film erhielt später den Titel „Die Grundlagen der Einsteinschen RT" (BBC, 1. Sept. 1921).

Schulung herleiten." Einstein würde wohl daran tun, seine „faulen Denkgewohnheiten" abzulegen und „seine Lehre von diesen groben Empirismen zu befreien".[1]

In einer Ende 1926 veröffentlichten Groteske nimmt F/M die grassierende Sucht nach Rekorden auf allen möglichen Gebieten aufs Korn. Aus vielen Beispielen nur dieses:

> „Verzeihung, daß ich erst jetzt den erlauchten Namen Albert Einsteins in meinen unwürdigen Mund zu nehmen wage. Dieser fast Unsterbliche kommt soeben mit dem genialen Vorschlag, die zeiträumliche Prädisposition des menschlichen Hirns funktionell dermaßen zu alterieren, daß (wie vermittelst eines rapiden Zeitraffers) alles Nacheinander je nach Bedarf ins Zugleich verwandelt werden kann: so wird der Weltraum erobert. Eine Moszkowski-Gesellschaft für Stern-Rundreisen ist gegründet."[2]

1927 erscheint Marcus' letztes Buch, *Die Zeit- und Raumlehre Kants,* eine Zusammenfassung der Ergebnisse der vorangegangenen Jahre und eine der Grundlagen von *Kant gegen Einstein.* F/M stellt es Anfang 1928 in einer ausführlichen Besprechung vor. Darin wird Einstein als „dialektischer Empirist" bzw. „dialektischer Mathematiker" bezeichnet.[3]

Im Mai 1929 kommt F/Ms Remarque-Buch heraus, die „blutigste Satire der modernen deutschen Literatur ...", laut der Banderole; genauer: die unerbittliche Generalabrechnung – Dekonstruktion *avant la lettre* – mit den tonangebenden Literaten der letzten dreißig Jahre einschließlich der Dichterakademie; zugleich aber eine

---

1 F/M: *Ludwig Goldschmidt: Gegen Einsteins Metaphysik, eine kritische Befreiung* [Lübeck 1923] (1925; GS 3, 746 ff.). Goldschmidt hatte mit Marcus korrespondiert.

2 F/M: *Nonplusultra ...* (1926). Zu Moszkowski vgl. unten, Nr. 51.

3 Marcus 1927; F/M: *Kants Zeit- und Raumlehre. Ernst Marcus' neues Werk* (1928; GS 3, 797-803). Die den Herausgebern aus obskurer Quelle (vermutlich aus einem Privatarchiv in Bad Salzuflen) zugetragene Information, F/M habe eine equestrisch-hippomanetische Groteske veröffentlicht mit dem Titel *Kants Zaum- und Reitlehre,* konnte bislang nicht verifiziert werden.

vehemente Warnung, ja erschreckend hellsichtige Prophezeiung. Nach eigenen Angaben hatte Remarque 1923

> „noch Pflichtgefühl, das er seitdem verloren hat, aber spätestens 1933 wiederkriegen wird. Enthält das nicht eine fatale Prognose?! Die Pflicht hat ein schönes Organ und pflegt mit lautester Stimme zu rufen, wenn die verehrten Damen und Herren da droben neue Weltkriege für spruchreif halten –: 1933 Kriegspflicht??? [...] Sollte 1933 wieder mal was akut sein mit der Pflicht?" (*Remarque,* 156 f., vgl. 159)

Unermüdlich spielt Mynona mit ‚Ull- und Einstein' – zu Recht, was deren Konvertibilität im Hinblick auf ihre außerordentliche Massenwirkung betrifft. Kostproben?

> „Glücklich haben ja die Präzisionsmathematiker herausgebracht, daß der Raum nicht nur zwei- oder drei-, sondern auch vier-, ja mehrdimensional gebaut sei. Selbstverständlich grommelt der alte Perückenkant, es sei Quatsch, Dialektik, sophistischer Humbug. Aber da sich's berechnen läßt, triumphiert der junge Einstein" (ebd. 154 f.). ... „Der moderne Ideenakrobat Albert Einstein ändert gleich die Zeit selber, indem er ihren Begriff ändert. An Stelle der quantitativen Gleichförmigkeit setzt er eine relativ verschiedene Quantität der Zeit. Juch, da freut sich sein Alfred Kerrchen und jauchzt in alle Lüfte: ‚alles ist relativ!' [...] Man setzt, wie der geniale Einstein, herzlich gern die gleichzeitige Existenz zweier Bezugssysteme voraus, definiert aber dann erst die Gleichzeitigkeit und behauptet munter, ohne diese willkürliche Definition, die garkeine ist, sondern durch welche die Gültigkeit aller falschen Behauptungen erschlichen wird, wäre der Begriff der Gleichzeitigkeit physikalisch sinnlos."[1] ... „Wahrscheinlich ist Einstein der Allah der Physik, und Mohamed Kerr sein Prophet?"[2]

1 Ebd. 176 f. Der letzte Satz faßt den „§ 1. Definition der Gleichzeitigkeit" von Einstein 1905, 125 ff. zusammen.
2 Ebd. 135. Der berühmte Theaterkritiker Alfred Kerr (Kempner; 1867-1948) wird von F/M schon seit 1911 verspottet.

Die Zeit der *haute couture* – eine Pantomime nach dänischem Vorbild? Mit einer Postkarte vom 15. September 1919 lädt Einstein eine Doktorandin, Ilse Schneider, zu einem Gespräch ein: „Mich erinnert die gepriesene Kantsche Ansicht über die Zeit an Andersens Märchen vom Kleid des Königs [!], nur daß es sich statt um das Kleid des Königs um die Form der Anschauung handelt!“[1] Andersens Märchen *Des Kaisers neue Kleider* (1837) scheint ein argumentatives Passepartout zu sein; auch F/M macht es sich um 1929/30 zunutze.[2] In diesen Jahren erprobt er bereits, in einer Rekapitulation Marcus'scher Argumente, *in nuce* das Konzept von *Kant gegen Einstein.* Hervorzuheben sind zwei Gesten, die im Buch nicht mehr so deutlich hervortreten. Zum einen die positive, ja kooperative Einstellung:

> „Kant wäre der Erste gewesen, sich mit Einstein darüber zu freuen, daß ein einheitliches Relativitätsprinzip in mathematischer Gestaltung auf die ganze Natur anwendbar sei. Kant hat bewiesen, daß alle Erkenntnis in Relationen bestehen müsse. In Einsteins Lehre hätte er den gewaltigsten Fortschritt geschätzt, es aber als einen gewaltigen Rückschritt betrachtet, ohne oder gar gegen die absolute Grundlage alles Relativismus auskommen zu wollen.“[3]

Zum anderen ein geistesgeschichtliches Argument:

---

1 CP 9, 155 f. Ilse Schneider (1891-1990), später Rosenthal-Schneider, studierte Philosophie, Griechisch und Physik an der Universität Berlin. Eine andere Postkarte, 5. Jan. 1920: „Wann kommt Ihr relativierter Kant heraus?“ (CP 9, 342) Gemeint ist Schneider: *Das Raum-Zeit-Problem bei Kant und Einstein*, Berlin 1921. Die Arbeit wird freilich von Marcus 1922b sehr gelobt; sie zeige „wiederum, daß Kants Lehre durch die RT nicht widerlegt ist.“

2 F/M: *Moderne Sophistik* (1929; GS 3, 819); *Mahnruf*, 32 ff.

3 F/M: *Albert Einstein und Immanuel Kant* (1929; GS 3, 814). Es handelt sich um eine Replik auf Prof. Dr. Ludwig Neymeyer: *Galilei*, BT Nr. 142 (24. März 1929), eine Rezension zu Rudolf Lämmel: *Galileo Galilei im Licht des zwanzigsten Jahrhunderts*, Berlin 1929. Von Neymeyer verzeichnen die Kataloge nur eine Freiburger Dissertation: *Zur Theorie der Krümmungsmaße mehrdimensionaler Mannigfaltigkeiten*, 1922 (Typoskript, 25 S.).

> „Einsteins Verbindung der Raum- und Zeitmessung in einer einzigen Formel ist mathematisch bewundernswert. Aber ein rechnerisches Hilfsmittel hat eventuell nichts mit der Wirklichkeit zu tun. Die Relativitätstheorie hat die bisherigen Methoden der Messung erstaunlich verfeinert. Aber daraus folgt keine Widerlegung Kants, ohne dessen apriorische Grundlage jede Relativitätstheorie zum Unsinn wird. Aber die modernen Relativisten haben keine Vernunftkultur. In Wahrheit bedeutet Kants apriorische Vernunftkritik jene ungeheure Umwälzung, in deren Gefolge auch die Relativitätstheorie sich findet. Kants Lehre ist die Basis für einen künftigen Kopernikus, der uns nicht nur ein arithmetisches, sondern ein dynamisch begreifliches Weltbild liefern wird." (ebd.)

Ahnherr der RT wäre also niemand anderes als Kant! Er hätte Einsteins Revolution programmiert ... Das ist mehr als bloß ein geschickter rhetorischer Trick. Das „Paradox: seinen Vorgänger zu hintergehen"[1] enthält ja nichts weniger als die Aufforderung, den Vorgänger genau zu studieren.

Im Sommer 1930 erscheint F/Ms *Mahnruf* für Marcus. Auf diese Bilanz, zugleich Ausblick sei hier nicht weiter eingegangen; das Buch enthält in polemischer Prosa über weite Strecken dasselbe wie *Kant gegen Einstein* (Ndr. in GS 14).

Genauere Aufmerksamkeit erfordert die Anfang 1931 veröffentlichte Sammlung *Hundert Autoren gegen Einstein*. Der Band enthält auf 104 Seiten kurze Beiträge von 28 Autoren, darunter F/M.[2] Hubert Goenner, der in mehreren materialreichen Aufsätzen die zeitgenössische Anti-Einstein-Literatur untersucht hat, urteilt, nach sorgfältiger Analyse, über diese Sammlung aus der Sicht eines theoretischen Physikers: „To me, the book is an example of a committed

1 F/M: *Körnchen für blinde Hennen* (1931).

2 Auszüge aus F/Ms Ankündigung von Marcus 1926 (*Albert Einstein endgültig widerlegt. Ernst Marcus gegen die spezielle RT;* 1925; GS 3, 748 ff.) sowie aus dem *Mahnruf.* Weitere Beiträge von Hans Driesch, Ludwig Goldschmidt, Oskar Kraus, Emanuel Lasker, Max Frischeisen-Köhler, Leonore Ripke-Kühn u. a.; dazu eine Bibliographie von über 100 Schriften gegen Einstein von fast ebensovielen Autoren (von manchen wird nur Name und Anschrift mitgeteilt) mit Zitaten.

but inadequate reaction by the educated middle class in Germany (*Bildungsbürgertum*) to a topic in the exact sciences without immediate economical or technological consequences: relativity theory." (Goenner 1993b, 251) Er betont die vielfältigen geistigen Interessen der Herausgeber und Beiträger, ihren philosophischen und ethischen Rigorismus, aber auch ihre technische Inkompetenz in Sachen Physik und Mathematik; letzteres werde kompensiert entweder durch Hybris (Einstein und die Relativisten machen triviale Fehler) oder durch das Gefühl, unterdrückt oder zensiert zu werden (die Relativisten bilden eine Bande, die Andersdenkende terrorisiert). Insgesamt sei das Buch „a classic piece of evidence for the fact that the validation of a theory in the exact sciences can be achieved only from within the body of experts." Ob das breite Publikum eine Theorie akzeptiere oder nicht, sei irrelevant; das Buch zeige deutlich, daß Wissenschaftsgeschichte vom allgemeinen kulturellen und sozialen Umfeld nicht getrennt werden könne (ebd. 264 f.).

Die damit aufgeworfene Frage, ob eine so saubere Trennung zwischen *intra-* und *extrascience dispute* möglich bzw. angemessen sei, kann hier nicht beantwortet werden. Es geht nur darum, was F/M mit den *Hundert Autoren* zu tun hatte. Goenner skizziert F/Ms Bibliographie; mit dem Remarque-Buch und dem „‚Anti-Freud' paper" (gemeint ist *Das Eisenbahnglück oder der Anti-Freud,* 1925) plaziere er sich „near the conservative sector of the political spectrum" (ebd. 258). Dieses Etikett – politischer und moralischer Konservatismus – kennzeichnet nach Goenner (ebd. 252) die *Hundert Autoren* im allgemeinen. Doch überzeugt es kaum, alles, was nicht pro Einstein ist, ‚konservativ' zu nennen. F/Ms politische Haltung läßt sich damit jedenfalls nicht fassen.

Die Schriftleitung lag bei Rudolf Weinmann. Von ihm ist eine Postkarte an F/M erhalten, datiert Berlin, 22. November 1930:

> „Sehr verehrter Herr Doktor, heute eine frohe Botschaft: unsere Sammelschrift ist bei Voigtländer, Leipzig, untergebracht! Druckkosten entstehen nicht, in Anbetracht der erweiterten Form – durch zahlreiche Zitate aus der gesamten Anti-Einstein-Literatur – wird an die Herausgeber für die nicht einfache Vorarbeit u. die entstandenen Spesen ein Honorar bezahlt.

> Nun erhoffe ich für alle Beteiligten einen guten Erfolg. Mit den allerbesten Empfehlungen Ihr sehr ergebener R. Weinmann.“ [1]

Diese Mitteilung läßt vermuten, daß F/M einen gewissen Anteil an der Konzeption der Sammelschrift hatte. Im Vorwort unterstreichen die Herausgeber – neben Weinmann Hans Israel und Erich (Hermann) Ruckhaber[2] – die offenkundige „Irreführung der öffentlichen Meinung“: Zeitschriften, Zeitungen, Verleger, Rundfunk

---

1 AAFMAG. Zu Weinmann (1870-?) vgl. Goenner 1993b, 252 f. und Hentschel 1990, 87 f. u. 556. Er promovierte 1895 in München in Philosophie, war dann Schauspieler in Heidelberg und anderswo, zuletzt am Deutschen Theater in Berlin; seit 1922 publizierte er neben Aufsätzen fünf kleinere Bücher, vier davon gegen die RT, rezensierte auch Marcus 1926d (in August Messers Zeitschrift *Philosophie und Leben* 2 (1926), 211-214). Marcus besprach drei seiner Arbeiten; er resümiert: „Auch die vorzüglich begründeten *Weinmannschen* Angriffe bringen aus den angeführten Gründen keine Entscheidung.“ (Marcus 1926a; vgl. Marcus 1924 sowie unten, Anmerkung zu Nr. 255)

2 Hans Israel (Berlin 1881-?; nicht identisch mit dem Geophysiker und Meteorologen (1902-1970), der in den dreißiger Jahren in Bad Nauheim und Potsdam über Luftelektrizität, Gewitterforschung, Radioaktivität usw. forschte und seit 1949 in Tübingen, dann in Aachen lehrte) war Diplomingenieur, promovierte 1905 in Rostock in Chemie, lebte später als Apotheker in Berlin; er veröffentlichte: *Auflösung der Widerspruchslehre Kants* (2 Bde., 1911 u. 1925; 191 + 245 S.) sowie: *Beweis, weshalb die Einsteinsche RT ad acta zu legen ist* (Leipzig 1929; 35 S.). Goenner (1993b, 253 f.) bezeichnet ihn als „genuinen Spinner“, dessen philosophische Schriften als „sheer fantasy sometimes bordering insanity“. – Ruckhaber (1876-1955), Dolmetscher und Übersetzer, 1913 Mitglied der Kant-Gesellschaft (aufgeführt im Verzeichnis, Kant-Studien 18 (1913), 183), veröffentlichte seit 1910 zahlreiche Schriften zur Naturwissenschaft und -theorie, darunter: *Des Daseins und Denkens Mechanik und Metamechanik. Eine monistische widerspruchslose Philosophie* (Hirschberg in Schlesien 1910; 626 S.); *Untersuchung über das Prinzip des Widerspruchs* (Diss. phil. Berlin 1927); *Die RT widerlegt durch das Widerspruchsprinzip und die natürliche Erklärung des Michelson-Versuchs* (Leipzig 1928); *Relativia. Der Roman eines Propheten, eine philosophische Humoreske* (Berlin-Spandau 1929); *Das Atom ohne Elektronen. Kleinwirbel und Großwirbel* (Berlin 1935); *Biomechanik. Das gelöste Lebensproblem. Die alleinige Bekämpfung des Alterns* (Berlin 1938, [4]1962); *Die Ätherdynamik des Sonnensystems* (Berlin 1941); *Die Ätherwirbeltheorie vielfach bewiesen. Die Folgen für die Relativitätsphysik* (Berlin 1953; 44 S.). Vgl. Goenner 1993b, 253.

„scheinen sich mit verschwindend wenig Ausnahmen verschworen zu haben, jedes, auch das platteste Ja zu bringen, jedem Nein sich zu verschließen". Zweck der Sammelschrift sei es, „dem Terror der Einsteinianer einen Überblick über Zahl und Gewicht der Gegner und Gegengründe entgegenzustellen". Die Gegenseite werde freilich auf einzelne Argumente und Widersprüche reagieren und die Schrift zu entwerten versuchen.

Dies geschah in der Tat, doch anders als vorausgesehen: Das Buch wird unter anderem bezeichnet als von den Nazis initiiert bzw. als antisemitische Hetzschrift.[1] Einstein reagierte mit der Bemerkung: „Warum einhundert? Wenn sie Recht hätten, würde ein Einziger genügen!"[2] Ein anderer Kritiker löst eine Debatte aus, die in *Kant gegen Einstein* und später noch fortgesetzt wird. Hans Reichenbach macht sich über das „Unverständnis" und die „naiven Irrtümer" der Beiträger lustig. Er könne das Bändchen als „neues Musterexemplar" „unfreiwillig komischer Literatur" auf seinem Bücherbrett verstauen in der „Abteilung Irrgarten". Ohne F/M zu nennen, zitiert er aus seinem Beitrag: Er wolle die von dem Philosophen Marcus vorgeschlagene Lichttheorie einführen. „Marcus nimmt nämlich an, daß das Licht nicht nur ausgestrahlt, sondern auch von dem Empfänger sozusagen angesaugt wird."[3]

---

1 Pais 1995, 200 f. übernimmt unbesehen diese Verfälschung. In einem Abschnitt „Antisemitische Angriffe gegen Einstein" erwähnt er die am 24. Aug. 1920 organisierte öffentliche Veranstaltung der „Arbeitsgemeinschaft deutscher Naturforscher zur Erhaltung reiner Wissenschaft" (Paul Weyland, Ernst Gehrcke u. a.) und verweist dazu in Anm. 51 kommentarlos auf *Hundert Autoren*. Zu Weyland etc. ausführlich Goenner 1993a sowie Hentschel 1990, 133 ff. Einsteins Reaktion (*Meine Antwort. Über die anti-relativistische G.m.b.H.;* BT, 27. Aug. 1920; Faksimile in CP 7, 345 ff.; dort 221 ff. u. 284 ff. weiter Texte) hat Hentschel (1996, 1-5) kommentiert. Siehe auch Hartmut Geerkens Vorwort, Nr. 9.

2 Nachweis nicht ermittelt. In einer langen Rezension ergeht sich der Astrophysiker Albert v. Brunn 1931 in eben dem „Gepolter und Geschimpfe", das er den „Autoren" vorwirft – 90 % von ihnen seien „rabiate Kantianer" usw. (übersetzt und kommentiert bei Hentschel 1996, 10-16).

3 Reichenbach 1931; vgl. Hentschel 1990, 187 f. u. Goenner 1993b, 251. „Der junge Reichenbach hat über Kant & allgemeine Relativität eine interessante Abhandlung geschrieben." Einstein an Schlick, 19. April 1920

F/M reagiert sofort. In seiner Replik, datiert „Halensee, 26. Februar“, vermerkt er, er habe sich den hundert Autoren „nur als Wortführer“ des verstorbenen Marcus hinzugesellt. „Reichenbach, erklärt Marcus, hat Kants Kritik nicht verstanden“; er „wendet die Schablone der mathematischen Methode auf die Physik an“ und produziert „eine Haarspalterei von Begriffen“, einen überflüssigen Ballast von Reflexionen über bloße, von der Anschauung abgesprengte Begriffe. Das nennt Marcus eine „Degenerationserscheinung“. Auf die Physik sind nicht die Methoden der Mathematik, sondern nur ihre Ergebnisse anwendbar.[1]

Reichenbach antwortet im August 1932 in der FZ, wiederum indirekt, ohne F/M zu nennen. Mit Blick auf Kants Wirkung stellt er fest: „Es muß schon eine gewaltige Kraft in den Gedankengängen dieses letzten Scholastikers wohnen, wenn die Breite ihrer Auswirkung verständlich werden soll.“ Die „Prunkstücke aus der Kantischen Rüstkammer apriorischer Begriffe“, Geometrie, Kausalität, Substanz, Zeit und Raum, seien seit Helmholtz Zug um Zug „erschüttert“ worden durch die nichteuklidische Geometrie, den Wahrscheinlichkeitsbegriff und Einsteins Lehre.

> „So stehen wir heute vor der Situation, daß das Kantische System auf die moderne Naturwissenschaft nicht mehr paßt, daß gerade der Naturwissenschafter, der eigentliche Fortführer Kantischer Gedanken im letzten Jahrhundert, zum Gegner Kants geworden ist.“

Kant sei „nur noch eine historische Figur“; im übrigen spreche man statt von Philosophie besser von „Lebensanschauung, die in ihrer Ablehnung erkenntnistheoretischer Fragestellungen schließlich auch die Form der philosophischen *Wissenschaft* aufgibt.“[2]

(CP 9, 510). Gemeint ist Reichenbach: *RT und Erkenntnis a priori*, Berlin 1920.

1 F/M: *Marcus contra Reichenbach* (1931; GS 3, 834 f.). Zu Reichenbach vgl. unten, Nr. 62 u. 181.

2 Reichenbach 1932. Dasselbe Argument ausführlicher in Reichenbach 1933, mit dem Fazit: „Und dies ist das Urteil, das wir Heutigen über *Kant* zu fällen haben: sein System besitzt für uns keine Geltung mehr.”

Im Sommer 1931 erscheint F/Ms Streitschrift gegen Tucholsky, *Der Holzweg zurück.* Darin weist er nachdrücklich auf *Hundert Autoren* hin, repliziert auf weitere Rezensionen und zitiert insbesondere Oskar Kraus.[1] Erneut spießt er die *publicity* auf:

> „Einstein ist grundsätzlich geistiger Provisor, seine ,Wahrheiten' sind Provisorien, nie Definitiva. Aber es clackt und clickt gerade daher um ihn von donnerndem Applaus. Die Gebuldenen haben ,Alles ist relativ!' auf ihre immerfort wechselnde Fahne geschrieben, und heulend stürzt die Masse hinterdrein. Kann Einstein für diesen Rummel? Kann er seinen Weltruhm auf das rechte Maß reduzieren? Ja. Tut er's? Nein. Ähnlich wie Remarque, nämlich ,vornehm', benimmt er sich in solchem Fall, er schweigt. Wir haben unter dem Titel ,100 Autoren gegen Einstein' (Voigtländer, Leipzig) – ihm eine kleine Aufmunterungsbombe unter ... Verzeihung!" (*Holzweg,* 21)

Der Stellenwert dieses ,Wir' läßt sich mangels weiterer Dokumente nicht genauer bestimmen. F/M wiederholt das historisch-systematische Argument: Auf Humes Skepsis „basiert aber Einstein" ... „Ohne Beharrung kein Wechsel: – ohne Kant kein Einstein" (ebd. 57 u. 65). Dazu fügen sich Details, die nur auf den ersten Blick trivial erscheinen: „zugleich wird in Einsteins Zimmer das Schopenhauer- durch das Kant-Porträt verdrängt werden ..." (ebd. 76). Tatsächlich hingen in dem Haus in Caputh, das Einstein von 1929 bis Herbst 1932 bewohnte, Porträts von Michelangelo und Schopenhauer.[2] Sich selbst sieht F/M in der Rolle des besonnenen Warners und Mahners – freilich wußte er längst, welchen Dank solche Kulturkritik erntet:

> „Denn richtige geistige Orientierung ist die Hauptsache der Kultur. Bedenken wir! Das Menschenleben – ein gefährliches Unternehmen. Vor Finsternis und Kälte schützt uns nur die Sonne Vernunft. Und nur der einzige, unvergleichliche Kant

1 *Holzweg,* 21 ff. zu Rezensionen von Prof. Dr. Kirchberger (im BT) und von einem „Opernkritiker" Kuntz (mit Zitaten, aber ohne Nachweise). Zu Kraus vgl. unten, Nr. 52.

2 Vgl. Pais 1995, 236 oder auch Moszkowski 1921, 51 ff.

> ist der nüchternste Techniker jener Heizung und Beleuchtung. Der katastrophale Unfug, diesen Solitär historisch abzuwürdigen und zu antiquieren, wird nur durch das Studium seines Erben, Ernst Marcus, verhütet werden können. Wo ich heute so enormes Beifallsgetrampel höre, wie in den Fällen Remarque und Albert Einstein, erscheine ich sofort als geistiger Verkehrsschutzmann im Auftrage von Ernst Marcus.“ (*Holzweg,* 13)

Dieser Ordnungsaufgabe hat sich F/M im Jahr 1931 gewidmet. Im AAFMAG liegt ein Fragment des Typoskripts von *Kant gegen Einstein*; es umfaßt Titelblatt und die Seiten 7-16 mit den Fragen Nr. 46-130. Sie entsprechen Nr. 75-159 der Druckfassung (nur deren Sperrungen fehlen). Der Titel lautet: „Kritik Kants an Albert Einstein“; der Untertitel ist derselbe wie im Buch. Handschriftlich hat F/M über den Titel gesetzt: „Kant gegen Naturpfuscher“. Darunter steht: „Gewidmet dem Andenken an Ernst Marcus zum 75. Geburtstage des Philosophen am 3. September 1931.“ Es folgen fünf Motti aus Schillers bzw. Goethes Xenien. Davon wurde nur eins in die Druckfassung übernommen.

Das Buch war also im Herbst 1931 abgeschlossen. Am 4. Januar 1932 schreibt F/M an Kubin: „Mein ‚Kant gegen Einstein‘ ist ausgedruckt. Sobald das Büchlein erscheint, kriegen Sie's.“ (*Briefe Kubin,* 175) Die beiden Freunde hatten sich im Dezember 1931 in Hamburg getroffen; zur Eröffnung der Kubin-Ausstellung im Kunstverein hielt F/M eine Ansprache.[1] Doch das Jahr 1932 zeigt ihm unmißverständlich, wie es um sein weiteres philosophisch-literarisches Schaffen, ja um seine Existenz bestellt ist. Im Februar erscheint sein kritischer Vergleich der Farbenlehren Schopenhauers und Goethes, Frucht einer langjährigen Beschäftigung mit diesem Thema.[2] Bis April werden noch drei Grotesken, eine Rezension (zu Ernst Barthel) und zwei kleine Aufsätze gedruckt. Spätestens im Mai kommt *Kant gegen Einstein* heraus. F/Ms nächste Veröffentli-

1 F/M: *Alfred Kubin* (1931; GS 3, 843-848). Zu dieser Freundschaft vgl. Hauff 1990.

2 F/M: *Warum verwarf der Farbenlehrer Goethe die Farbenlehre des Goetheaners Schopenhauer?* (1932; GS 3, 852-856)

chung erscheint erst im Februar 1933, der Dialog *Über die Unsterblichkeit* – einer der letzten Texte, die er in Deutschland publizieren kann, ein Appell, in dem die Aussichtslosigkeit schon überhand nimmt: „Sie aber, verehrter Empirist, Relativist, Materialist und skeptischer Problematikus, werden fortfahren, Ihren Unglauben an das Gesetz der Freiheit mit Geistesfreiheit zu *verwechseln.*" (GS 3, 861) Im Oktober 1933 kehrt Einstein Deutschland endgültig den Rücken; im selben Monat sieht F/M sich zur Emigration gezwungen; mit seiner Frau und seinem zwanzigjährigen Sohn geht er nach Paris.[1] –

Über seine Beziehung zum Leipziger Verlag Der Neue Geist sind keine Dokumente bekannt. Doch dessen Geschichte ist ein wenig erforscht worden.[2] Der Verlag war im Februar 1917 von Kurt Wolff und Peter Reinhold (beide 1887 geboren) gegründet worden. Wolff, der vier Jahre zuvor sein berühmtes Unternehmen in Leipzig begonnen hatte, wollte in einem besonderen Verlag politische Schriften bringen. Reinhold hatte Nationalökonomie, Geschichte und Kunstgeschichte studiert und 1909 promoviert. 1913 kauft er den Verlag des Leipziger Tageblattes; 1917 heiratet er die jüngere Schwester von Wolffs Frau Elisabeth, Caroline Merck. Gegen Kriegsende wird er in den Sächsischen Landtag gewählt, im November 1918 tritt er der neugegründeten Deutschen Demokratischen Partei bei, 1920 und 1924-26 ist er sächsischer Finanzminister, 1926 Reichsfinanzminister des Kabinetts Luther II, 1928-32 Reichstagsabgeordneter der DDP. Im Neuen Geist Verlag erschienen vor allem Bücher von pazifistischen und aktivistischen Hochschullehrern und Politikern. Hauptautoren waren Max Scheler und Leonard Nelson (beide von F/M stets scharf kritisiert), daneben Kurt Hiller und Hugo Dingler,[3] Heinrich Graf Coudenhove-Kalergi, Moritz Geiger, Hans Prinzhorn, Rabindranath Tagore u. a. Anfang 1931 kauft Reinhold den Torso

1 Über den konkreten Anlaß der Emigration berichtet Geerken 1993.

2 Göbel 1975, 807 ff. und 918 Anm. 24.

3 Hiller (langjähriger Freund F/Ms): *Logokratie, oder Ein Weltbund des Geistes,* 1921; Dingler (Briefpartner des späten Marcus; vgl. unten, Rezensionen): *Die Kultur der Juden. Eine Versöhnung zwischen Religion und Wissenschaft,* 1919. Reinhold selbst veröffentlichte u. a. in seinem Verlag das Buch *Deutsche Finanz- und Wirtschaftspolitik,* 1927.

des zerbröckelnden Kurt Wolff Verlages (erloschen 1933) und zieht nach Berlin. Das Programm wird 1933 eröffnet mit Elias Auerbach: *Wüste und gelobtes Land;* jedoch erscheint 1934, „um dem Verlag ein ‚arisches' Gepräge zu geben", eine neue Übersetzung von Gobineaus *Essai sur l'inégalité des races humaines* (1853-55), der massiven Urkunde des modernen Rassismus, mit einem Vorwort von Reinhold.[1] Die Arbeit des Verlages wird in bescheidenstem Umfang weitergeführt; 1940 Umbenennung in Genius Verlag, 1942 Einstellung der Produktion, nach Reinholds Tod 1946 Liquidation. Ladislaus Somogyi, seit 1937 Lehrling, dann Angestellter, gründet 1946 in Berlin wieder einen Verlag Der Neue Geist, der das alte Programm fortsetzen soll; bis 1950 erscheinen einige Bände von Johannes R. Becher, Francis Jammes, Scheler u. a.; 1972 wird auch dieses Unternehmen im Handelsregister gelöscht.

III. Quellen und Intentionen

Gleich zu Beginn des Vorworts nennt F/M seine Quellen: Kants *Metaphysische Anfangsgründe der Naturwissenschaft* (MAN) und vor allem die Werke von Ernst Marcus. „Also meine eigene Originalität schränkt sich hiermit ausdrücklich auf die Frage- und Antwortform ein". In dieser didaktischen und methodischen Aufbereitung liegt F/Ms Kunst. Wollte man das Buch als eine unselbständige Kompilation abtun, so würde man seine formalen Kennzeichen, insbesondere aber seine erklärte Absicht verkennen: „*Dieses Buch hier ist nur propädeutisch oder repetitorisch* zu benutzen." Es soll die Durchnahme der Gegenstände vorbereiten bzw. ihrer Wiederholung dienen; es soll zu den Schriften hinführen, aus denen es schöpft – als eine Art Nachhilfeunterricht für diejenigen, welche glauben, daß durch sogenannte Revolutionen auf dem Gebiet der Physik Kant endgültig überwunden und *ad acta* zu legen sei.

Abschnitt I (Nr. 1-63) enthält auf zwanzig Seiten eine radikale Absage an Empirismus, Positivismus, Skeptizismus, Relativismus.

1 [Joseph] Arthur Graf v. Gobineau: *Die Ungleichheit der Menschenrassen*, Übers. Dr. R. Kempf; laut Impressum: Berlin: Kurt Wolff 1935.

Nr. 8-43 entsprechen dem Anfang sowie S. 89-149 von Marcus 1927 („Zur Beurteilung der KrV“; § 12 „Das sog. Realitätsproblem“; § 13 „Die Zeit“; § 14 „Das Wesen der Dialektik“). Nr. 43-48 entsprechen Marcus 1922b.

Abschnitt II (Nr. 64-161) bietet auf ebenfalls zwanzig Seiten eine präzise und souveräne Zusammenfassung des gesamten Textes von Kants MAN. Die Gliederung in vier Hauptstücke ergibt sich daraus, daß Kant den Begriff der Materie durch alle vier Funktionen der Verstandesbegriffe bzw. Kategorien führt: Quantität, Qualität, Relation, Modalität. Also 1) Phoronomie, Bewegung als reines Quantum betrachtet; 2) Dynamik, Bewegung als Qualität der Materie, „unter dem Namen einer ursprünglich bewegenden Kraft“; 3) Mechanik, Materie in Relation betrachtet; und 4) Phänomenologie, Bewegung als Modalität (Ak IV 476 f.). F/M übernimmt viele Formulierungen Kants; nur zwei davon sind als Zitate gekennzeichnet (Nr. 111 u. 127). Gelegentliche kleine Einschübe, Varianten, Paraphrasen zeigen jedoch, wie produktiv er Kants Text nachvollzogen hat (etwa Nr. 156).

Abschnitt III (Nr. 162-198) bringt auf zehn Seiten eine sehr geraffte Zusammenfassung von Marcus 1927, 64-78 u. 143-192. Dabei entsprechen Nr. 169-176 dem § 11: „Die Geometrie nach der KrV“, Nr. 181-198 der zweiten Hälfte von § 14 („Das Wesen der Dialektik. Ihr Eindringen in Mathematik und Physik“) sowie den § 15-19 („Zeit und Raum als Grundlagen der reinen (apriorischen) Naturwissenschaft“, mit vier Fortsetzungen).

Abschnitt IV enthält in Nr. 199-248 eine Zusammenfassung des Schlußparagraphen von Marcus 1927, 197-239 (= § 21: „Über die Möglichkeit einer allgemeinen Äther-Theorie“; vgl. Anm. zu Nr. 199). Nr. 249-261 entsprechen Marcus 1925b, 263-272 (= § 24: „Zur Metaphysik der Erfahrung“).

Sind Marcus und F/M bloß die letzten der Kopernikaner, die sich voll Angst und Unverständnis gegen alle Neuerungen stemmen und sich unter die Fittiche eines geradezu fetischisierten imaginären Übervaters retten wollen? Das zu bejahen, hieße ihre gemeinsamen Bemühungen mutwillig zu verkennen. Wenigstens zwei Aspekte sind festzuhalten:

a) Die historisch-systematische Perspektive – kein Relativismus ohne Apriorismus, kein Einstein ohne Kant. Dieser legte (in der Physik, aber auch in anderen Disziplinen) das Fundament, auf dem Einstein und andere weiterbauten. Freilich verdankt sich Originalität in den meisten Fällen nur einer gelungenen Verdrängung – bzw. einem gewaltsam durchgesetzten Totschweigen – der Vorgänger. So bestätigt sich F/Ms Behauptung, die Empiristen seien Aprioriker ohne es zu wissen (Nr. 37 u. 46). „Der Empiriker ist, ohne es zu merken, Aprioriker, wenn er sich auf die einheitliche Gesetzlichkeit der Natur verläßt, ohne welches gewisseste Vertrauen er überhaupt nichts erfahren würde." ... „Die Denkgewohnheit des Empirismus muß beseitigt werden." (Marcus 1927, 4)

b) Das unbeirrte Pochen auf einen *angewandten* Kantianismus, d. h. auf einer Verknüpfung von Theorie und Praxis, Wissenschaft und Leben. Wie Raum und Zeit, als Formen, nichts zu tun haben mit ihren jeweiligen Gehalten, so hat auch reine Logik nichts zu tun mit der Wahrheit ihres Inhalts (vgl. Nr. 2). Der „Realdenker" Kant wies auf diese Differenzen hin. Wer dagegen, wissentlich oder nicht, aus bloßen logischen Formen irgendwelche Inhalte ableitet; wer Wort und Sache verwechselt, ihr (als natürlich aufgefaßtes) Verhältnis pervertiert; wer theoretische Begriffe verdinglicht bzw. umgekehrt Sinnesdaten zu Gegenständen hypostasiert; wer die Erkenntnis erweitern will durch Erdichtung von Begriffen, denen nichts in der Anschauung entspricht – der fällt in eine „Scheinlogik". Und diese ist „der böseste Feind der Kultur, da sie auch die sittliche Realität, die Freiheit des Willens durch bloße Vernünftelei in Zweifel stellt" (Nr. 24).

Diese Kulturdiagnose ist Marcus-F/Ms zentrale Intention. Wer als Naturforscher wähnt, Kant widerlegt, überwunden, überboten zu haben, der verantwortet, „das Fundament der Moral und Religion – denn das ist die Kantische Entdeckung – zu unterwühlen". Und damit gefährdet er etwas, „das unendlich wichtiger ist als aller Fortschritt der Naturwissenschaft: – den Fortschritt der sittlichen Kultur" (Nr. 62). Naturwissenschaft und Kunst sind niemals wichtiger als dasjenige, „was den Menschen erst recht eigentlich mit Notwendigkeit *zum* Menschen macht: Sittlichkeit!" (Nr. 50) Am Schluß seines letzten veröffentlichten Aufsatzes warnt Marcus vor dem unkritischen Glauben an plötzliche Zäsuren, erzeugt von Genies usw.:

> „Auch sonst finden wir in der Moderne derartige revolutionäre Überwindungen von Wahrheiten, die die elementare Urteilskraft, die Schöpferin des Wunderwerks der gemeinen Erfahrung, uns als selbstverständlich (a priori) wahr überlieferte. Ich erwähne hier als große Beispiele nur die Aufhebung der quantitativen Gleichförmigkeit der Zeit (sog. Relativität der Zeit), die Überwindung der euklidischen Geometrie, und die Überwindung des dreidimensionalen Raumes durch den 4- oder n-dimensionalen. (Die Mathematiker haben im unendlichen dreidimensionalen nicht Platz genug). Die Richtigkeit der neuen Theorie ruft dann den *Schein* der Wahrheit (nicht aber die Wahrscheinlichkeit) der *falschen* Begründung hervor. Derartige dialektische Entgleisungen gehören zu den schlimmsten Schädlingen der Kultur, weil sie den gesunden Verstand der Jugend und die Philosophie, die Weltanschauung verderben.“[1]

F/M wird nicht müde, dieses Verderben anzuprangern, in allen Tönen, mit einem ganzen Arsenal wohlkalkulierter Maledicta (seine Kunst der heilenden Beschimpfung bietet im übrigen Stoff für mindestens eine Dissertation): „Flunkerei“, „verflunkern“, „erflunkern“, „charlatanistisch“ (ein auch von Kant gebrauchtes Epitheton), „Pfuscher“, „Blödsinn“, „Unsinn“, „absoluter Unsinn“, „purer Nonsens“, „Mumpitz“, „Humbug“, „Abstrusitäten“, „Scholastik“, „akadämlicher Dunst“, „Illusionisten“, „Sophist“, „Solipsisten“, „Ignorant“, „Idiot“, „Byzantiner“, „Alexandrinismus“, „babylonisch-alexandrinische Kant-Interpreten“ ...

Doch hat er sein letztes Wort in Sachen Einstein noch nicht gesprochen. Unterstrichen seien drei versteckte Bemerkungen: „Einstein lagert seinen (evtl. richtigen?) Resultaten sophistische

1 Marcus 1928. „Dialektischer Entgleisung“ nochmals in Marcus 1927, 100. In der Reichenbach-Rezension bezeichnet Marcus 1926c „das dialektische Verfahren abstrakter Reflexionen, die mit den Ergebnissen des *organischen* (unmittelbaren, vulgo: intuitiven) Denkens nicht kongruieren“ als „sophistische Entgleisung der Reflexion“.

Begründungen vor" ... „die RT, eine neue naturwissenschaftliche Hypothese mit etwa guten Resultaten" ... „Folgt aus Einsteins evtl. richtigen Resultaten auch die Richtigkeit aller seiner Prämissen?" (Nr. 26, 50, 62) Solche Konzessionen zeigen, daß F/M trotz jenem Paukenschlag noch ein scharfes Ohr behalten hat. Seine Rezension von Einsteins *Mein Weltbild*, 1934 im Exil entstanden, erscheint nur dann erstaunlich, wenn man F/Ms wahre Absichten verkennt. Der Ton ist wohlwollend, voll Sympathie für den Menschen, nicht nur als Physiker. Schroff verurteilt wird Nietzsche. Gedämpft klingt der 1917 scharf vorgebrachte Einwand durch: Einstein habe Kant nicht beachtet, aus Mangel an ‚Zeit' ....

Drei Jahre nach F/Ms Tod 1946 scheint Einstein deutlicher gesehen zu haben, was jener ihm sagen wollte: daß „Denken ohne die Setzung von Kategorien so unmöglich wäre wie Atmen in einem Vakuum" (Einstein 1949b, 500). Um 1920, in Gesprächen mit seiner Schülerin Ilse, hatte er seine Ansichten auf folgende Weise verdeutlicht:

> „‚Der Kant ist so eine Landstraße mit vielen, vielen Meilensteinen, und dann kommen die kleinen Hunderln, und jeder deponiert das Seinige an den Meilensteinen.'
> Auf meinen Hinweis, daß dies ein unangebrachter Vergleich sei, antwortete Einstein nur unter lautem Lachen:
> ‚Aber, was wollen Sie denn, Ihr Kant ist ja die Landstraße, die bleibt doch bestehen.'" (Rosenthal-Schneider 1988, 76)

Ist nun das folgende Buch von so einem Hunderl zusammengeschrieben – oder ist es selbst ein Meilenstein?

KANT
GEGEN
EINSTEIN

FRAGELEHRBUCH

(Nach Immanuel Kant und Ernst Marcus)

Zum Unterricht in den vernunftwissenschaftlichen Vorbedingungen d. Naturwissenschaft

Von

DR. S. FRIEDLAENDER

DER NEUE GEIST VERLAG . BERLIN NW 87

KANT GEGEN EINSTEIN

VON DR. S. FRIEDLAENDER

KANT GEGEN EINSTEIN

FRAGELEHRBUCH

(NACH IMMANUEL KANT UND ERNST MARCUS)

ZUM UNTERRICHT IN DEN
VERNUNFTWISSENSCHAFTLICHEN VORBEDINGUNGEN
DER NATURWISSENSCHAFT

VON

DR. S. FRIEDLAENDER

„Armer empirischer Teufel! du kennst nicht einmal das Dumme
In dir selber, es ist ach! a priori so dumm." (Schiller)

1 9 3 2

DER NEUE GEIST VERLAG / BERLIN

DEM ANDENKEN
DES PHILOSOPHEN ERNST MARCUS

Vorwort

Geist und Buchstabe, meistens auch Wortlaut dieses Fragelehrbuchs verdanken sich den „Metaphysischen Anfangsgründen der Naturwissenschaft“ von Immanuel Kant, vorzüglich aber den Werken von Ernst Marcus, dessen Kinder und Nachlaßpfleger mir auch die Manuskripte der demnächst erscheinenden Ethik, der noch ungedruckten Paragraphen der Kritik der speziellen Relativitäts-Theorie wie auch Marcus' philosophische Tagebücher gütigst zur Verfügung gestellt haben. Also meine eigene Originalität schränkt sich hiermit ausdrücklich auf die Frage- und Antwortform ein, durch die ich die Wahrheit jener beiden Meister, Kants und seines echten Thronerben Ernst Marcus, leichter mitteilbar gemacht zu haben hoffe.

Diese Popularisierung soll aber das Schöpfen aus jenen beiden Urquellen nicht nur nicht ersparen, sondern im Gegenteil es womöglich erleichtern! *Dieses Buch hier ist nur propädeutisch oder repetitorisch* zu benutzen.

Ohne das Werk von Ernst Marcus wird Kant die Beute der babylonisch-alexandrinischen Kant-Interpreten bleiben. Marcus ist der einzige, der Kants Lehre in fruchtbarer Weise eindeutig macht. Besonders muß dies heute den Naturwissenschaftern eingeschärft werden, die in Gefahr sind, sich empiristisch zu verlieren. Diese Gefahr droht der ganzen Kultur. Man vergißt, daß es nicht nur Natur gibt. Man vergißt, daß Vernunft nicht deren Kind, sondern theoretisch der Natur koordiniert, praktisch deren souveräne Regentin ist. Man ignoriert *diese allerwichtigste Entdeckung Kants* und behilft sich traditionell oder gar empiristisch, d. h. schließlich: relativistisch-skeptizistisch-problematistisch … Naturwissenschaft verleugnet ihre eigene Basis, das Apriori des Intellekts, bis zum Aberwitz der Verdrehung des Verstandes selber.

Marcus' noch ungedruckte Paragraphen seiner Kritisierung Albert Einsteins geben, dem Sinne nach, folgendes zu bedenken: – Die moderne Naturwissenschaft hält sich nicht streng innerhalb ihrer (z. B. physikalischen) Grenzen, sondern philosophiert, ohne es inne zu werden. So stellt die moderne Physik Sätze auf, die sich experimentell weder beweisen noch widerlegen lassen. Der sog. „Empirismus" ist nicht naturwissenschaftlich beweisbar, sondern eine bloße Denkgewohnheit, so gut wie der ebenfalls philosophische Apriorismus, den Kant *eingeschränkt* hat, indem er bewies, daß es auch für die Naturwissenschaft gewisse unbedingt gültige apriorische Voraussetzungen gibt. Hingegen behauptet der Empirismus, ohne die Möglichkeit des Beweises, daß *jede* Erkenntnis wandelbar sei. Das ist ja auch nur eine apriorische These von problematischer Geltung. Dieses Prinzip ist völlig unbeweisbar. Stößt man dennoch mit ihm auf unfehlbar gewisse Notwendigkeiten, so hält man diese für dogmatische Illusionen; sogar schwächt man daher das Kausalgesetz lieber statistisch ab … Man begnügt sich mit „Arbeitshypothesen". Man behandelt also die Natur wie der Nationalökonom. Man experimentiert hier nicht, sondern *spekuliert.* Man erfindet irgendeine neue Hypothese und schiebt mit ihr die bisherige physikalische Erfahrung beiseite. In die Naturwissenschaft selber gehört aber weder Apriorismus noch Empirismus hinein, das sind Philosopheme, keine experimentellen Erfahrungen. Der Apriorismus würde den Naturforscher dazu verleiten, unsichere Sätze für gewiß; der Empirismus, sichere für ungewiß und wandelbar zu halten, um originelle Hypothesen erfinden zu können. Sog. Arbeitshypothesen sind Naturpfuscherei, nicht Naturforschung. Das apriorische Dogma von der Wandelbarkeit der Hypothesen geht keinen echten Naturforscher etwas an. Sondern dieser hat *experimentell* nachzuprüfen, ob eine bestimmte Hypothese taugt oder fallen muß. Einsteins Rücksichtslosigkeit gegen die klassische Mathematik und Physik erklärt sich hauptsächlich daraus, daß er, ohne es zu merken, empiristisch *philosophiert.* Er beschränkt seine Hypothesenfreiheit nicht *erfahrungsgemäß.* Er ist als Physiker a priori von dem Philosophem durchdrungen, daß *jede* Hypothese *wandelbar* sein *müsse.* Hypothesen können doch aber auch völlig falsch sein, sich aber dabei nur als „wandelbar" ausgeben und eintäuschen! So eine falsche, aber eben, statt falsch, nur wandelbar erscheinende Hypothese wartet dann öfter jahrhundertelang auf ihre Berichtigung. Sie spiegelt eine Problemlösung vor, und das Problem besteht scheintot weiter. Kurzum, die Naturwissenschaft darf keine These zulassen, die nicht *unmittelbar* experimentell kontrolliert werden kann. Nur unter dieser Bedingung geht sie sicher; gerät aber sonst in die Scheinlogik der Naturphilosophen à la Fichte, Schelling, Hegel. Auch die Mathematik kann das nicht verhindern. Der Physiker darf Mathematik nur auf *schon Vorhandenes*, z. B. auf gleichzeitige Phänomene, *anwenden*, nicht aber Mathematik physikalisch dazu mißbrauchen, daß er noch Unvorhandenes aus ihr *erzeugt*, indem er sie dadurch überanstrengt, daß er alle Dynamik durch Mathematik *ersetzen* will. Dieser mathematisierende Formalismus schränkt die originale freie Forschung bis zur Aufhebung ein. – Will man also relativieren, so empfiehlt sich hierzu zwar wohl die Lichtbewegung, als welche experimentell *kontrollierbar* ist; nicht aber die *Zeit*, die man dem Philosophen überlassen soll. –

Beachten Sie also bitte die hier folgenden Fragen und Antworten, und Sie werden Lust bekommen, sich von *Kant* und *Marcus* über die grundsätzlichen Irrungen der ‘modernen’ Naturwissenschaft (und nicht nur der Naturwissenschaft) aufklären zu lassen. Durch diese Aufklärung, der meine drei Fragelehrbücher: „Kant für Kinder“, „Katechismus der Magie“ und hier dieser „Kant gegen Einstein“ dienen möchten, wird das Menschenleben in seiner Kultur gefördert werden, zumal falls man geneigt würde, aus diesen Katechismen – *Schulbücher* zu machen.

Dr. S. Friedlaender.

Verzeichnis der Fragen

I

1. Welches ist die Bedingung der Erkennbarkeit der Natur?
2. Welche Denkweise ist der gefährlichste Feind, weil scheinbare Freund der Wahrheit?
3. Warum zweifeln die Zweifler an Kant?
4. Wie heißen die berüchtigtsten dieser sophistischen Zweifler, vielmehr Ignoranten?
5. Kann Naturwissenschaft beweisen, daß es nur Naturabhängigkeit und also keine sittliche Freiheit gebe?
6. Ist der Naturforscher ein Philosoph?

6a. Darf der Naturforscher als solcher Weltanschauung verbreiten?

7. Wodurch macht sich ein ‚positivistischer' Skeptiker noch besonders lächerlich?
8. Sind die Grundlagen der Erkenntnis fest oder labil?
9. Ist der Empirismus (‚Positivismus'), die Lehre, wonach alle unsere Erkenntnisse aus der Erfahrung entspringen, experimentell beweisbar?
10. Ist alles nur Entwicklung?
11. Was muß die Urteilskraft notwendig voraussetzen, um Erfahrung zu machen?
12. Welches ist die Grundvoraussetzung aller Möglichkeit von Erfahrung?
13. Woraus besteht er?
14. Was versteht man unter dem Kosmos, dem Weltall?
15. Hat die Natur dadurch ihre Wirklichkeit verloren?
16. Ist der apriorische Organismus nur subjektiv?
17. Ist das Kausalgesetz a priori?
18. Wie verhält sich der Geist zur Materie?
19. Paßt sich nun z. B. entweder die Raumform dem Körper oder der Körper der Raumform an?
20. Was ist Erfahrung?
21. Ist aber die Natur denn auch *wirklich* wirklich?
22. Wie steht's also mit dem Allerweltszweifel?
23. Ist die Philosophie voraussetzungslos?
24. Worin besteht das Wesen der sophistischen Scheinlogik?

25. Woraus entspringt diese Sophistik?
26. Worin zeigt sich dieser Unfug besonders?
27. Wie könnte man das Prinzip dieser Sophistik formulieren?
28. Wie lautet dagegen das unsophistisch wahre Prinzip?
29. Wie benimmt sich der „Gelehrte", der Akademiker in der Naturwissenschaft?
30. Wie beseitigt man diese Sophistik?
31. Warum ist aller Empirismus sophistisch?
32. Wie demnach lautet das oberste Problem der Erkenntnistheorie?
33. Wie benimmt sich die gesunde Reflexion im Gegensatz zur sophistischen?
34. Warum wird der Apriorismus nicht eingesehen?
35. Wie argumentieren die Empiristen?
36. Worauf beruhen die sog. Intuitionen, Inspirationen, Eingebungen?
37. Welches ist der berechtigte Kern des Empirismus?
38. Wie kommt es, daß die Sophistik heutzutage bis in die experimentell kontrollierbaren exakten Wissenschaften eingedrungen ist?
39. Was entsteht dadurch?
40. Ist diese Sophistik schädlich?
41. Was hilft hiergegen?
42. Wer hält das Kausalgesetz für problematisch?
43. Wie kommt das?
44. Gibt es ebensoviele Logiken und Weltanschauungen wie „Standpunkte des Beobachters"?
45. Welcher *physikalische* Fehler macht Albert Einsteins spezielle Relativitätstheorie unhaltbar?
46. Was verkennen die meisten Physiker?
47. Welche Fehler enthält Einsteins Relativitätstheorie?
48. Ist deswegen der Zeitbegriff relativ? Gibt es keine in beiden Fällen gültige Gleichzeitigkeit?
49. Was fingieren diese Rechner zum Beispiel noch?
50. Weswegen bedecken sich die modernen „Einsteinianer" mit Schande?
51. Wodurch wird die Verteidigung Kants gegen diese nur rechnerischen Sophisten völlig siegreich?
52. Ist Einsteins spezielle Relativitätstheorie wenigstens physikalisch, wenn schon nicht erkenntniskritisch zu retten?
53. Wodurch wird Einsteins spezielle Relativitätstheorie endgültig beseitigt?
54. Welches ist Einsteins Grundfehler?

55. Worin besteht nach Einstein die objektive Erkenntnis der Wirklichkeit?
56. Was sind Neukantianer (z. B. Cohen, Cassirer usw.)?
57. Ist die mathematische Methode auf Physik anwendbar?
58. Wie würde Kant Einsteins Lehre kritisieren?
59. Was lehrt demgegenüber Newton? Wie kam er zum Begriff der Anziehungskraft der Erde?
60. Wird Kant durch Einstein widerlegt?
61. Gibt es mehr als dreidimensionale Räume?
62. Folgt aus Einsteins evtl. richtigen Resultaten auch die Richtigkeit aller seiner Prämissen?
63. Welches sind die apriorischen Grundgesetze?

II

64. Was versteht man unter Natur?
65. Wie teilt man sie ein?
66. Wie teilt man die Lehre von der Natur ein?
67. Was ist das Kennzeichen eigentlicher Wissenschaft?
68. Wie heißt eine solche unfehlbar gewisse Naturwissenschaft?
69. Wie unterscheidet sich Philosophie von Mathematik?
70. Wodurch wird die Anwendung der Mathematik auf die Körperlehre möglich?
71. Was ist Erfahrung? (Vgl. Nr. 20.)
72. Ist die apriorische Gesetzlichkeit vollständig darzulegen?
73. Worin besteht diese apriorische Gesetzmäßigkeit?
74. Welches ist die Grundbestimmung eines Etwas äußerer Sinne?
75. Wie demnach teilen sich die metaphysischen Anfangsgründe der Naturwissenschaft ein?
76. Wozu braucht der Mathematiker diese Metaphysik der Natur?

Phoronomie

77. Worin besteht die Phoronomie?
78. Was unterscheidet man an der reinen Bewegung?
79. Was ist in phoronomischer Hinsicht Materie?
80. Was ist absoluter Raum?
81. Was ist Bewegung eines Dinges?
82. Welche Arten Bewegungen unterscheidet man?
83. Wie steht es mit Richtung und Geschwindigkeit der Bewegung?
84. Was versteht man unter Ruhe?
85. Ruht ein bewegter Körper in jedem Punkt der Linie, die er durchläuft?

86. Wie konstruiert man den Begriff einer zusammengesetzten Bewegung?
87. Was bedeutet mathematische Relativität der Bewegung?
88. Was ist zusammengesetzte Bewegung?
89. Wieviel Fälle sind zu unterscheiden?
90. Wie allein läßt sich die Zusammensetzung zweier Bewegungen desselben Punktes denken?
91. Wie beweist man das in obigen drei Fällen?
92. Worin besteht die Geschwindigkeit?
93. Was demnach ist der einzige Inhalt der Phoronomie?

Dynamik

94. Was ist Materie in dynamischer Hinsicht?
95. Was bedeutet: einen Raum erfüllen?
96. Was also kommt hier zur rein phoronomischen Materie hinzu?
97. Was heißt: widerstehen?
98. Wodurch erfüllt Materie Raum?
99. Weshalb?
100. Wie heißt die Ursache der Annäherung von Materie an Materie, resp. die Ursache, wodurch Materie der Entfernung von Materie widersteht?
101. Wie heißt die Ursache der Entfernung einer Materie von Materie?
102. Gibt es noch mehr bewegende Kräfte der Materie?
103. Wodurch erfüllt Materie Raum?
104. Was wäre Durchdringung von Materie durch Materie?
105. Ist solche Durchdringung möglich?
106. Was ist materielle Substanz?
107. Hat die Teilbarkeit der Materie eine Grenze?
108. Warum ist Anziehungskraft (wie Abstoßung) eine wesentliche Grundkraft der Materie?
109. Warum aber erscheint uns Materie nur widerstrebend undurchdringlich, nicht aber auch ebensosehr anziehend zu sein?
110. Wirkt Materie auf Materie nur durch Berührung? Oder gibt es auch Wirkung in die Ferne durch den leeren Raum?
111. Ist daher Anziehungskraft unbegreiflicher als zurückstoßende Solidität?
112. Warum scheint uns diese Wirkung in die Ferne unmöglich?
113. Woraus entspringt Bewegung?
114. Was versteht man unter Flächenkraft?
115. Was unter durchdringender?

116. Wie bestimmt man das mathematische Gesetz dieser gegeneinander wirkenden dynamischen Gewalten?
117. Wie nennt man die Wirkung der allgemeinen Anziehung?
118. Wie heißt das Streben der Materie, sich in der Richtung der größeren Gravitation zu bewegen?
119. Wie nennt man die Wirkung der repulsiven Kraft der Materie?
120. Welches ist das allgemeine Gesetz der Dynamik?
121. Ist das der vollständige Begriff einer reinen naturwissenschaftlichen Dynamik?
122. Ist damit auch die Besonderheit der Materie erklärt?
123. Worauf kommt es bei logischer Bestimmung der spezifischen Verschiedenheit der Materie an?
124. 1) Was versteht man unter einem Körper?
125. 2) Was ist Zusammenhang?
126. 3) Was ist Elastizität?
127. 4) Was ist mechanisch, was ist chemisch?
128. Wie erklärt sich demnach die spezielle Verschiedenheit der Materien?
129. Wodurch wird die mechanische Erklärungsart am triftigsten widerlegt?
130. Gibt es also in der Welt keinen leeren Raum?

Mechanik

131. Was ist Materie in mechanischer Hinsicht?
132. Was ist Quantität der Materie?
133. Was ist Masse?
134. Was ist ein mechanischer Körper?
135. Was versteht man unter Größe der Bewegung?
136. Wodurch wird die Quantität der Materie in Vergleichung mit jeder anderen geschätzt?
137. Wieso?
138. Welches ist das erste Gesetz der Mechanik?
139. Welches ist das zweite Gesetz der Mechanik?
140. Wie nennt man dieses Gesetz?
141. Denn was ist Leben?
142. Welches ist das dritte mechanische Gesetz?
143. Gibt es eine positive materielle Trägheitskraft?
144. Ist dieser Mechanismus ohne zugrunde liegende Dynamik der Materie möglich?
145. Was ist bei der Beschleunigung der Geschwindigkeit einer Bewegung zu beachten?

Phänomenologie

146. Was ist Materie in phänomenologischer Bedeutung?
147. Sucht man also hier einen Schein zu durchschauen?
148. Wie unterscheidet sich Schein von Erscheinung?
149. Welches Prädikat der Bewegung von Materie ist nur ein mögliches (resp. unmögliches)?
150. Welches Prädikat der Bewegung einer Materie ist ein wirkliches?
151. Welches Prädikat der Bewegung einer Materie ist ein notwendiges (resp. zufälliges)?
152. Welcher Begriff muß aller physikalischen Erfahrung zugrunde gelegt werden?
153. Wie kommen wir zu diesem Begriff, und worauf beruht die Notwendigkeit seines Gebrauchs?
154. Ist etwa die Kreisbewegung absolut?
155. Ist es absolute Bewegung, wenn wir uns einen Körper im leeren Raum in Ansehung eines andern als bewegt denken?
156. Was also versteht man unter absoluter Bewegung?
157. Welches Gesetz ist folglich unumstößlich richtig?
158. Ist der absolute Raum in phoronomischer Hinsicht leer?
159. Gibt es in dynamischer Hinsicht leeren Raum?
160. Gibt es in mechanischer Hinsicht leeren Raum?
161. Was bleibt ihr also übrig?

III

162. Ist der Raum wirklich?
163. Was ist die Sinnesempfindung?
164. Ist die Raumvorstellung von der Körperwelt abgeleitet?
165. In welchen Relationen steht die Sinnesempfindung?
166. Wie erklärt sich, weswegen die Empfindungsgebilde außerhalb des Gehirns, ja die optischen sogar außerhalb des Leibes auftreten?
167. Wievielerlei Arten von Vorstellungen gibt es?
168. Steht es nun etwa so, daß zuerst das sinnliche Ding da ist und von draußen fix und fertig in unseren Begriff hineinwandert?
169. Wie beweist man Axiome, z. B. geometrische?
170. Wie entsteht die wissenschaftliche Geometrie?
171. Sind die Axiome der Geometrie, wie die Moderne behauptet, eine Art von willkürlichen Phantasiegebilden?
172. Werden Zeit und Raum vom Verstande hervorgebracht?
173. Was stellt die Urteilskraft geometrisch fest?
174. Gibt es einen nicht-euklidischen, ‚gekrümmten' Raum?

175. Was denkt man sich *wirklich* unter dem Begriff des Raums?
176. Wie widerlegt sich die Vierdimensionalität des Raums?
177. Was ist die Zeit?
178. Wodurch vergeht sich der moderne relativistische Empirismus am Charakter der Zeit?
179. Wie entsteht, da doch primär sämtliche Empfindungen und Gefühle nur in der Zeitform auftreten, trotzdem Objektivität?
180. Wie verhält sich die analytische Geometrie zur synthetischen?
181. Kann es in der Physik eine einheitliche, allgemein anwendbare Methode geben?
182. Wie steht es mit dem in der Moderne so beliebten Begriff der Arbeitshypothese?
183. Worauf beruht die moderne Überordnung der Mathematik über die Physik?
184. Worin besteht das Wesen des Trägheitsgesetzes?
185. Worin liegt der Grund dieser Apriorität?
186. Welche heuristischen Folgen hat das Trägheitsgesetz?
187. Welches sind also die beiden Eigenschaften der „trägen", adynamischen Bewegung? Und wie kommen wir a priori zu ihnen?
188. Ist das Trägheitsgesetz damit bewiesen?
189. Ist das Relativitätsgesetz nur ein Subjektivgesetz?
190. Wie wirkt die Idee des absoluten Raums?
191. Was versteht man unter dem Relativitätsprinzip?
192. Worauf beruht die nichteuklidische Geometrie und die Relativitätstheorie?
193. Warum leidet die gesamte Kultur unter derartigen Lügnern?
194. Wo sind also die Grenzen des Relativitätsprinzips?
195. Worauf beruht die Gravitation?
196. Warum behauptet Einstein, es gebe keine unmittelbare Fernwirkung?
197. Wie widerlegt sich das durchschlagend?
198. Wie erklärt sich solche Fernwirkung?

IV

199. Ist eine allgemeine Weltäthertheorie möglich?
200. Wie wirkt sie trotzdem auf die Physik ein?
201. Worauf kommt es bei solcher Äthertheorie an?
202. Wie muß der Äther vorgestellt werden?
203. Welches Rätsel beschäftigte Kant in seinen letzten Lebensjahren?
204. Wie kommt es, daß Sternsysteme, obwohl durch ungeheure Zwischenräume getrennt, einem gemeinsamen Gesetze folgen?

205. Wie haben wir uns diesen Stoff zu denken?
206. Bewegt er sich überhaupt nicht?
207. Wie verhält er sich zu den Körpern?
208. Ist die Existenz dieses Urstoffs nur Hypothese oder steht sie unfehlbar fest?
209. Wie demnach muß er beschaffen sein?
210. Wie steht es mit Behauptungen über die Art seiner Beteiligung an *besonderen* Zuständen der Natur?
211. Worin recht eigentlich besteht die wahre Gültigkeit der Kantischen Äthertheorie?
212. Welche Fehler begeht die moderne, bes. Einsteinsche Physik in Beziehung darauf?
213. Wie steht es damit in der Wahrheit Kants?
214. Wieviel Denkmöglichkeiten gibt es überhaupt zur Bestimmung des Verhältnisses zwischen Äther und Erde?
215. Worin besteht das Wahre und Neue der Kantischen Äthertheorie?
216. Was reizt unseren Organismus zur Wahrnehmung?
217. Woran liegt das?
218. Wovon hängt die Wahrheit dieser Äthertheorie ab?
219. Wer machte den Versuch einer allgemeinen Äthertheorie?
220. Welche Möglichkeiten der Theorie sind denkbar?
221. Wieviel Möglichkeiten der Kausalrelation zwischen Äther und Körperwelt gibt es? Und welche allein ist real denkbar?
222. Wie kritisiert man diese Möglichkeiten?
223. Wie kommt es, daß der verkörperte Äther wahrnehmbar, der primäre hingegen unbemerkbar ist?
224. Ist das eine Schranke der leiblichen Sinnesorgane?
225. Ist demnach der Äther übersinnlich?
226. Was bedeutet absolut?
227. Worin besteht der Unfug des Geschwätzes von „Relativität"?
228. Welche Entscheidung demnach ist hier zu treffen?
229. Wie muß unsere empirische Sinnlichkeit beschaffen sein, wenn aus ihrer Organisation die notwendige Unwahrnehmbarkeit des Weltäthers folgen soll?
230. Woran haften also die Sinnesgebilde?
231. In welchem Verhältnis steht der organische Primäräther zum übrigen Äther?
232. Etwa nur bei Gelegenheit dieses Zusammenstoßes?
233. Ruht dieser Vitaläther?
234. Sind auftretende Gefühle und Empfindungen sensuale Neubildungen?

235. Wie entsteht z. B. das exzentrisch auftretende optische Gebilde?
236. Welche neue Wahrheit wird hierdurch begründet?
237. Welche neue Wissenschaft wird hier eröffnet?
238. Worin ist die Atomtheorie verfehlt?
239. Wie steht es mit dem [Prinzip] der intensiven [Kontinuität]?
240. Wie hat man sich nach der Äthertheorie die Weltkörper und ihre gegenseitigen Beziehungen zu denken?
241. Wie erklärt sich trotzdem der Übergang der Licht- und anderen Wellen?
242. Wie ändert sich danach speziell die Lichttheorie?
243. Was bedeutet diese Äthertheorie für die organischen Vorgänge?
244. Was also läßt sich hier erhoffen?
245. Macht aber die Äthertheorie, sofern sie die Körper ätherisiert, die bisherigen kinetisch-mechanischen Gesetze nicht unanwendbar?
246. Welche Bedeutung hat also die Äthertheorie?
247. Sind etwa Zeit und Raum materiell?
248. Wo liegt also das Zentrum der erkennbaren Welt?
249. Warum sind die Bewegungsgesetze, trotzdem sie schon, bevor sie entstehen konnten, Erfahrung voraussetzen, dennoch a priori?
250. Welches sind die wichtigsten dieser Sätze, die also zwar nicht streng a priori, aber dennoch nicht aposteriorisch sind?
251. Würden wir, ohne diese Beharrlichkeit des eigenen Leibes, oben und unten, rechts und links unterscheiden?
252. Worin aber irrt die moderne Physiologie?
253. Sind Empfindungen, wie die moderne Physiologie annimmt, absolute Neubildungen?
254. Ist der eigene Leib, wie Schopenhauer meint, im Gegensatz zu fremden Körpern, mein unmittelbares Objekt?
255. Welches sind noch andere metaphysische Sätze?
256. Wie verhält sich unser Ich zu unserem Leibe? Ist unser Leib etwa unserem Ich am nächsten?
257. Gibt es schließlich noch eine Bedingung der Erfahrung?
258. Wie entsteht demnach die Empfindung?
259. Wie erklärt sich danach der Einfluß des Willens auf den Leib?
260. Was gibt es schließlich noch für ein wichtiges erkenntnisphysiologisches Gesetz?
261. Ist der Mensch ein materieller Organismus, der Vernunft hat? Oder ist er eine Seele, die einen Leib hat?
262. Als was stellt sich schließlich unser Intellekt heraus?

I

1. Welches ist die Bedingung der Erkennbarkeit der Natur?

Daß sie unter einheitlichem Gesetze steht.

2. Welche Denkweise ist der gefährlichste Feind, weil scheinbare Freund der Wahrheit?

Der sog. Empirismus, der sich einbildet, alle Erfahrung sei passiv von uns empfangen. Es scheint, als ob die gesamte Erfahrung von außen her durch unsere Sinne in uns hineinkäme. In Wahrheit ist sie, wie Kant unwiderleglich bewiesen hat, das Produkt aus unserer geistigen aktiven Formungskraft und Empfänglichkeit mit dem Unbekannten der Dinge an sich selbst, aus denen wir, vermittelst aktiven Verstandes (Begriff) und passiver Sinnlichkeit (Zeit und Raum) Wahrnehmung und Erfahrung machen: Erfahrung ist das Produkt unserer Verstandes- und Sinnesfunktionen mit X. A priori wohnt uns Vernunft und zeiträumlich-sinnliche Empfindlichkeit inne. Der Blitz der besonderen Sinnesempfindung, zuckend aus unbekanntem Ursprung, entzündet unsere Prädispositionen zur subjektiven Wahrnehmung und endlich zur objektiven Erfahrung. Diesen Prozeß hat uns Kant wie durch Zeitlupe verlangsamt. Kant ist der Lavoisier der Erfahrung, der deren verschwommenes Wasser in zwei Elemente zersetzt hat, deren eines aus uns, deren anderes aus den Dingen an sich herrührt. Wir aber lernen an diesem Wasser der Erfahrung immer wieder nur das kennen, was aus uns herrührt, das Gesetzliche, Zeiträumliche; der Rest ist unbekannt. Es sollte von vornherein klar sein, daß der konsequente Empirismus keinerlei Gesetze aufstellen kann und also niemals zu einer echten Erfahrung, sondern zu lauter Überraschungen käme, deren Unberechenbarkeit schließlich alle Erfahrung verhindern müßte. Sogar Überraschungen setzen zunächst solide Erfahrung voraus, machen aber die solideste hinfällig, wenn sie jedes Gesetz umstoßen. Ohne allgemeine Gesetze sind auch die speziellen naturwissenschaftlichen Gesetze unmöglich. Der konsequente Empirist stürzt schließlich alle Logik über den Haufen. Logik ist aber nicht nur niemals ein Produkt der Erfahrung, sondern alle Erfahrung verdankt sich der logischen Bearbeitung alles Zeiträumlichen, die auf Anreiz der Sinnesempfindung sofort (explosiv) ins Spiel tritt. Vermengt man, wie Albert Einstein, Zeit mit ihrem Inhalt, auch Raum mit dem seinigen, so tritt Verwirrung ein, die dadurch auf den Gipfel des Unsinns gelangt, daß man auch reine Logik mit angewandter verunreinigt. Reine Logik hat nichts mit der Wahrheit ihres Inhalts zu tun. Läßt man sie von dieser abhangen, so kann man als Überwinder Kants Triumphe feiern. Verwischt man den Unterschied zwischen reiner und angewandter Mathematik, so wird man zum Sophisten.

3. Warum zweifeln die Zweifler an Kant?

Apriorische Wahrheiten – und in solchen besteht die Lehre Kants – können experimentell weder bewiesen noch widerlegt, daher immerfort bezweifelt werden. Der Zweifel selbst ist aber ein apriorisches Sophisma. Kants Beweise sind nur Denkexperimente, aber triftig. Sie sind außerordentlich, nie dagewesen, unerhört wunderbar. Die mittelmäßigen, eingebildeten, dünkelhaften Gelehrten haben sie nicht kapiert. Wer Kants Beweise in Zweifel zieht, ist ein Idiot, der das Sophisma, es gebe keine sichere Wahrheit, vertritt. – Studiert Kants Beweise und verzichtet, wenn ihr sie dann noch bezweifelt, auf alles Philosophieren!

4. Wie heißen die berüchtigtsten dieser sophistischen Zweifler, vielmehr Ignoranten?

Ihr Name ist Legion, aber allen voran Nietzsche und seine dürftigen Epigonen Spengler, Pannwitz usw., dunnemals auch Stirner. Deren Urteilskraft ist unreif geblieben und sophistisch fundiert. Ihre sog. „Berufung“ besteht aus Eitelkeit, Ruhm- und Originalitätssucht. Sie schädigen die junge Generation.

5. Kann Naturwissenschaft beweisen, daß es nur Naturabhängigkeit und also keine sittliche Freiheit gebe?

Diese dogmatische Behauptung wäre eine unverschämte Charlatanerie, und ohne die geringste Möglichkeit von Beweisen aus naiver und experimenteller Erfahrung würden hier gemeinschädliche Sätze behauptet. Naturwissenschaft hat es mit Gesetzen der Materie, aber nicht mit denen des Geistes zu tun, denen gegenüber ihre experimentellen Mittel versagen. Vom Geist kann sie weder positive noch negative Aussagen machen. Der Satz z. B., Geist sei Produkt der Materie, ist ein problematischer, experimentell unbeweisbarer dogmatischer *Glaube*. Nichts weiter läßt sich naturwissenschaftlich feststellen, als daß Geist und Materie einander gegenseitig bedingen. Daß die normale Wirksamkeit des Geistes vom gesunden Gehirn abhängt, bedeutet *keineswegs*, daß der Geist *Produkt* des Gehirns sei.

6. Ist der Naturforscher ein Philosoph?

So wenig wie der Philosophieprofessor als solcher und noch weniger als der Anstreicher ein Maler und der Barbier ein Chirurg …

6a. Darf der Naturforscher als solcher Weltanschauung verbreiten?

Nein, er überschreitet damit seine Grenzen. Zum Philosophen gehört Vernunftwissenschaft. Man mißbraucht die Relativitätstheorie des Naturforschers Einstein ähnlich zur „Weltanschauung", wie man es vormals mit Materialismus und Darwinismus tat. Einsteins Lehre hat so blutwenig das Zeug in sich, Kant zu widerlegen, daß vielmehr Einstein sehr wohl daran täte, sich von Kant die Korrektur seiner Voraussetzungen geben zu lassen. Längst hat Kant eingesehen, daß alle unsere Erkenntnis in lauter Relationen besteht. Auch die Relativität verschiedener „Bezugssysteme" war ihm vertraut. Es wäre ideal, ein einheitliches Relativitätsprinzip zu entdecken, das in mathematischer Gestaltung auf die ganze Natur anwendbar wäre. Das ist Einstein nicht gelungen. Seine Ausführung hat Mängel, enthält fehlerhafte und überflüssige Zusätze zu den Grundhypothesen; sonst wäre auch der Wahn, Kant widerlegt zu haben, unmöglich.

7. Wodurch macht sich ein ‚positivistischer' Skeptiker noch besonders lächerlich?

Dadurch, daß er seine Zweifel, statt auf Tatsachen, auf bloß logische Möglichkeiten stützt.

8. Sind die Grundlagen der Erkenntnis fest oder labil?

Fest. Sie sind das eiserne unzerstörbare Fundament einer Natur, die ohne solches Fundament gesetzlos, regellos, also unerkennbar sein würde: „Warum" (Ernst Marcus) „sollte eine Vernunft, die zweifeln kann, nicht auch unumstößliche Wahrheiten finden können, und wie will man einen Zweifel für möglich halten, bevor Wahrheiten bekannt geworden sind?" Nur die modernen Kant-Ignoranten lassen es hier auf Wahrscheinlichkeit ankommen.

9. Ist der Empirismus (‚Positivismus'), die Lehre, wonach alle unsere Erkenntnisse aus der Erfahrung entspringen, experimentell beweisbar?

Nein. Es ist ein Dogma, eine hartnäckige Denkgewohnheit. Sie verdankt sich dem guten Glauben, der sie nie in Zweifel zieht. Es ist richtig, daß Empirie die Bedingung physikalischer Erkenntnis ist; – aber Empirie ist keineswegs die Bedingung der Erkenntnis überhaupt. In Wahrheit ist vorangängige („apriorische") Erkenntnis sogar die Bedingung der physikalischen, z. B. das apriorische Kausalgesetz die Vorbedingung aller besonderen empririschen. Der Empirismus ist erst durch den Apriorismus zu begründen und zu vervollständigen.

10. Ist alles nur Entwicklung?

Nein. Auch das ist eine falsche, wirklichkeitsfremde Verallgemeinerung. Wenn die Natur sich in einem eben erst geborenen Menschen, mit Goethe zu reden, „einen neuen Zuschauer" schafft, – so ist das ein Sprung, aber keine Entwicklung. Es bedeutet eine neue Welt, die ohne den mindesten Übergang aus der Vergangenheit, von vorn beginnt. Auch die Kenntnis der Vergangenheit ist alsdann neu.

11. Was muß die Urteilskraft notwendig voraussetzen, um Erfahrung zu machen?

Die Konstanz (Unveränderlichkeit) der reinen Sinnlichkeit, d. h. von Zeit und Raum. Aus solcher Konstanz folgt auch Kontinuität und Gleichförmigkeit von Zeit und Raum.

12. Welches ist die Grundvoraussetzung aller Möglichkeit von Erfahrung?

Der apriorische Organismus der reinen Vernunft mit seinem Zentrum, dem Ich.

13. Woraus besteht er?

Aus Zeit, Raum und logischem Intellekt. Raum und Zeit sind unabhängig vom logischen Intellekt, aber nicht absolut von allem Ich unabhängig gegeben. Wir unterscheiden sie als Sinnlichkeit vom Verstand.

14. Was versteht man unter dem Kosmos, dem Weltall?

Vor Kant verstand man darunter die Natur. Seit Kant fällt die reine Sinnlichkeit mit diesem Kosmos zusammen. Zeit und Raum sind kosmische Organe.

15. Hat die Natur dadurch ihre Wirklichkeit verloren?

Nein. Wirklichkeit ist ein Begriff, der vor allem nur von der Natur gilt. Er ist der Fundamentalbegriff, der mit seinem Gegenteil, der Unwirklichkeit, steht und fällt. Man darf aber diese Begriffe nicht absolut gebrauchen! Sie sind nur Räder im Getriebe unserer Gesetzlichkeit. Gebraucht man sie absolut, so gerät man (wie Platon) auf den Irrtum, eine wirklichere Wirklichkeit, das „wahre" Sein zu suchen. Aber Wirklichkeit hat keine Grade. Kant hat an der Wirklichkeit der Natur gar nichts geändert. Er hat die Natur als zu Raum und Zeit, zur reinen Sinnlichkeit gehörig entdeckt, zum Organismus der reinen Vernunft. Denkt man sich diesen in die Welt der absolut unabhängigen Dinge versetzt, so tritt mit einem Schlage die Welt der Körper in Zeit und Raum auf. Die Natur hängt also zwar in ihrer Existenz von der der *reinen* Sinnlichkeit ab, existiert aber unabhängig real von Erkennen und Anschauen. Das absolute Jenseits der Erfahrung besteht nicht etwa jenseits der Vernunft, sondern nur jenseits von Zeit und Raum, jenseits von der Sinnlichkeit. Sinnlichkeit hat kosmische Realität. Natur, Sinnlichkeit, Intellekt sind gleich real.

16. Ist der apriorische Organismus nur subjektiv?

Nein. Die Begriffe „Subjekt“ und „Objekt“ sind Glieder jenes Organismus. Der Raum z. B. ist eine par excellence objektive Vorstellung. In Relation zum Subjekt ist natürlich jede Vorstellung nur subjektiv. Aber man darf diese Relation (eine von vielen) nicht etwa gar „solipsistisch“ bis zum Irrsinn übertreiben. Objektivität bedeutet nicht diese Relation zum Subjekte, sondern – unter völliger Außerachtlassung jener Relation – nur die gegenseitige Relation der Gegenstände untereinander. Der Raum ist sogar die Bedingung dieser Objektivität. Sämtliche geometrische Relationen sind objektiv und sämtliche Objektivrelationen existieren unabhängig vom Denken des Subjektes. Sämtliche Intellektualgesetze antizipieren Objektivrelationen. Auch die Zeit erhält durch Vermittlung des Raums Objektivität (Gleichzeitigkeit). Geometrie ist keine subjektive Erfindungsspielerei, ihre Axiome sind notwendig wahr, daran wird keine empiristische Sophistik etwas ändern.

17. Ist das Kausalgesetz a priori?

Hier gibt es zwei Möglichkeiten: es ist entweder a priori oder a posteriori (empirisch). Bejahe ich die eine Möglichkeit, so muß ich sie beweisen. Finde ich den Beweis, so ist das Problem gelöst, und die entgegengesetzte Möglichkeit verneint. Finde ich den Beweis nicht, so muß ich den Beweis für die entgegengesetzte Möglichkeit suchen. Ohne Beweis bleibt das Problem ungelöst. Möglich wäre dann nur noch der Beweis, daß der Beweis sowohl für die eine als auch für die andere Möglichkeit unmöglich ist. Dann wäre das Problem unlösbar. – Aber der große Fehler der Naturforscher besteht darin, daß sie das Gesetz ohne allen Beweis, also dogmatisch als empirisch bejahen, folglich die Möglichkeit seiner Apriorität auf ihre Beweisbarkeit gar nicht untersuchen.

18. Wie verhält sich der Geist zur Materie?

Die charlatanistische Naturwissenschaft behauptet, ohne zu beweisen, also dogmatisch: – die geistigen Phänomene seien die Wirkungen der Materie. Diese naturwissenschaftlichen Pfuscher haben also das Problem gar nicht nach allen Möglichkeiten erwogen, sie haben die hier folgende problematische Disjunktion nicht formuliert: –

1. entweder der Geist ist Wirkung der Materie;
2. oder der Geist ist Akzidens der Materie;
3. oder der Geist ist der Materie koordiniert.

Der Pseudo-Naturforscher entscheidet sich blindlings parteilich für den Geist als Wirkung der Materie. Die Koordination des Geistes mit der Materie scheint ihm von vornherein widerlegbar, weil der Parallelismus zwischen Materie und Geist sonst wissenschaftlich unerklärbar würde. Aber der der Materie koordinierte Geist ist ja keine Substanz, sondern eine Form. Blindlings wiederum und fälschlich nimmt der sog. Naturforscher an, daß nur Substanzen koordinierte Realitäten sein könnten. Aber alles Reale ist entweder Materie oder *Form*. Alle gedenkbaren Verhältnisse sind entweder solche der Materie zur Materie oder solche der Materie zur *Form*. Dogmatisch entscheidet sich der ‚Naturforscher' lieber nur für die alleinige Möglichkeit des Verhältnisses der Materie zur Materie, und blindlings verkennt er in der Form ein Akzidens oder eine Wirkung der Materie. Die Möglichkeit, daß die Form der Materie ko-, wo nicht gar superordiniert sein könne, würdigt er gar nicht. Setze ich also disjunktiv: entweder ist der Geist materiell oder *Form*, – so zeigt sich, daß jener Naturforscher überhaupt nicht untersucht, ob der Geist Form sei. Aber als *Form* könnte der Geist der Materie koordiniert sein, und Form und Inhalt könnten sehr wohl in natürlichem gesetzmäßigen Zusammenhang stehen. Gerade diese Möglichkeit hat Kant untersucht und als wahr erhärtet. Er löste den Geist oder die Seele in einen metaphysischen Organismus auf, der für die Materie formgebend ist, aber eben nur *Form* gebend: – ergo ist die Materie ihm koordiniert, denn Form erzeugt so wenig Materie wie Materie Form.

19. Paßt sich nun z. B. entweder die Raumform dem Körper oder der Körper der Raumform an?

Auch die Raumform gehört zum Organismus des Geistes. Die Materie, beweist Kant, ist eine in die Raumform eintretende Sinneserscheinung, die durch Einwirkung einer unerkennbaren Realität auf den Geist erzeugt wird. Materie ist Wirkung einer geistesunabhängigen Ursache, also so selbständig wie der Geist, und beide sind koordiniert. Allerdings paßt Materie ihre Qualität der Rezeptivität des Geistes, d. i. dem Raum an.

20. Was ist Erfahrung?

Das Zusammen von apriorischer Form (Zeit, Raum, logischer Gesetzmäßigkeit) mit aposteriorischem Gehalt (Sinnesempfindung, Lust, Schmerz, Wollungen). Die Form ist unabänderlich, der Gehalt wechselt. Die Form ist notwendig, der Gehalt zufällig. Die Form greift jedem Gehalte vor.

21. Ist aber die Natur denn auch *wirklich* wirklich?

Dieses sog. ‚Realitätsproblem' ist ein Scheinproblem. Ohne vorauszusetzende Realität der Natur ist auch die Möglichkeit von Irrtümern unmöglich. Zweifelt man an der Erfahrung überhaupt, so entzieht man sich auch zugleich alle Grundlagen des Zweifelns. Der nur logische Zweifel hat mit der Realität gar nichts zu tun. Kants Fundamentalsatz: – daß die apriorischen Gesetze so sicher sind, wie Erfahrung existiert – ist noch unverstanden. Die empirischen Naturgesetze sind nun zwar nicht *unbedingt* allgemeingültig, aber deshalb noch nicht problematisch, sondern eben hypothetisch, also von unproblematischer hypothetisch-apodiktischer und allgemeiner Sicherheit. Wobei die Möglichkeit von Irrtümern mehr und mehr ausschließbar wird. Sogar ist noch jeder Irrtum aus Realitäten zusammengesetzt (Münchhausen). Präsumiert muß wesentlich die Wahrheit, nicht aber Zweifel und Irrtum werden. Eine Hypothese ist nichts Problematisches, sondern präsumtiv wahr. Sie trifft die Mehrheit der Fälle oder ist falsch. Auch approximative Bestimmungen sind nichts nur Wahrscheinliches, sondern sichere Sätze zwischen sicherem Minimum und Maximum. Physikalische bloße Wahrscheinlichkeitsregeln sind grober Unfug; sie gehören in die Statistik, nicht aber in die Physik. Heutzutage werden allerdings Leute, die genauere Größenbestimmungen machen, leicht und gern mit Weltumwälzern verwechselt …

22. Wie steht's also mit dem Allerweltszweifel?

Leicht beieinander wohnen die Gedanken; er ist eine kinderleichte bloß logische Belustigung und hat mit der Realität, mit dem Realzweifel nichts zu tun. Hätte Kopernikus die Umdrehung des Horizontes um die Erde nur im allgemeinen bezweifelt, so hätte er sich nur in Gedanken belustigt. Aber er zweifelte real, indem er untersuchte: bewegt sich der Horizont wirklich um die Erde? *Oder dreht sich die Erde um sich selbst?* Diese letztere Möglichkeit ist keine bloße formallogische Negation, sondern real. Die Allerweltszweifelei ist eine kindische Gedankenspielerei von Leuten, die sich ohne geistige Unkosten amüsieren und überlegen scheinen wollen. Wer die Wirklichkeit der Welt bezweifelt, ist verpflichtet, diejenige Realität *aufzuzeigen*, in bezug worauf die Welt unwirklich ist. Die Berufung auf die Existenz der Natur ist auch der höchste Beweisgrund. Allerdings ist die Naturerfahrung nur ebenso real wie die Bedingungen ihrer Möglichkeit, z. B. das Kausalgesetz, überhaupt die Gesetzlichkeit, der Intellekt, die Form aller Natur: – ja, als moralisches Gesetz ist diese Form, unabhängig von aller Erfahrung, absolut real.

23. Ist die Philosophie voraussetzungslos?

Nein. Ihre Grundlage ist die elementare Erfahrung. Diese ist Bedingung aller Wissenschaft. Ohne Intellekt und seine logische Gesetzmäßigkeit keine Erfahrung. Ohne wiederholte Kontrolle der Erkenntnisversuche keine korrekte Erfahrung. So wenig man die Existenz eines Rockes deshalb bezweifelt, weil er ein paar Löcher hat – so wenig ist die Wahrheit deswegen zu bezweifeln, weil es Irrtümer gibt.

24. Worin besteht das Wesen der sophistischen Scheinlogik?

In der Ableitung eines Inhalts aus der bloßen logischen Form. Sie sucht (wie sämtliche nachkantische Systeme) die Erkenntnis durch bloße Begriffe zu erweitern. Sie ist der böseste Feind der Kultur, da sie auch die sittliche Realität, die Freiheit des Willens durch bloße Vernünftelei in Zweifel stellt und die Erfahrung empiristisch mißversteht.

25. Woraus entspringt diese Sophistik?

Aus Irrungen der Reflexion. Unsere Urteilskraft hat zweierlei Funktionen: – eine unmittelbar organische, gleichsam instinktive, „intuitive“, und eine nur reflektierende, reproduzierende, kopierende. Jene funktioniert absichtslos, ohne überlegende Reflexion; diese absichtlich. Die Reflexion ist, solange sie mit der organischen Funktion in Zusammenhang bleibt, sehr wichtig. Ohne Reflexion wird aus elementarer (naiver) Erfahrung nie Wissenschaft. Reflexion findet isoliert auf, was die organische Urteilskraft nur im Gemenge konkret inne hat: sie unterscheidet. Es ist aber immer dieselbe Urteilskraft, die das eine Mal naiv, das andre reflektiert urteilt. Reißt sich nun die reflektierende Funktion von der ursprünglichen los, so entsteht Hegelei: hohle Begriffsspielerei, Verwechslung von bloßen Begriffen mit Realitäten. Rückwirksam wird dadurch auch die gesunde organische Urteilskraft nachträglich bis zur Unheilbarkeit verdorben (Fichte, Schelling, Hegel und ihre modernen „Renaissancen“).

26. Worin zeigt sich dieser Unfug besonders?

In der modernen Mathematik und Physik. Die wichtigere Hälfte der Erfahrung, die Form ihres Inhalts, apriorische Wahrheit, die Muttermilch des Verstandes wird sophistisch infiziert und verseucht. Ein Musterbeispiel dieses Mißbrauchs der Reflexion ist Einsteins spezielle Relativitätstheorie. Unbekümmert um die reale Zeit selber, ändert Einstein den Zeitbegriff. Nur seiner Theorie zuliebe relativiert er die Zeitquantität. Als ob sein Denken mit dem Sein identisch wäre. Als ob die Zeit selber physikalisch experimentell kontrollierbar wäre. – Sophistisch macht er auch eine komparative Maß-Relativität zur kinetischen … „Zuerst“ (Marcus) „erklärt man die kinetische Relativität für eine Wahrheit, und dann die Wahrheit für ein kinetisches Relativum.“ Einstein lagert seinen (evtl. richtigen?) Resultaten sophistische Begründungen vor.

27. Wie könnte man das Prinzip dieser Sophistik formulieren?

Etwa so: „Naturvorgänge erklären sich dadurch, daß man sie einem Begriffe zuordnet." Solches Prinzip ist logisch falsch und physikalisch unbrauchbar. Einem Begriff ordnet man Gegenstände nicht zu, sondern unter. Jenes Prinzip aber verleitet dazu, der „Zuordnung" wegen Begriffe zu – erfinden! Hier verfährt der Empirismus aprioristisch, um Begriffe zu erdichten, denen sich neue Naturvorgänge „zuordnen" lassen.

28. Wie lautet dagegen das unsophistisch wahre Prinzip?

Wenn ein Naturnovum auftritt, muß ein ihm entsprechendes Begriffsnovum aufgenommen werden. Der Begriff einer quantitativen Ungleichförmigkeit der Zeit ist, ohne den leisesten Schatten einer ihm entsprechenden Realität, sophistisch erflunkert.

29. Wie benimmt sich der „Gelehrte", der Akademiker in der Naturwissenschaft?

Er ist erst mit sich zufrieden, wenn er eine Sache so verschnörkelt hat, daß kein gesunder Verstand mehr draus klug wird. Das heißt dann „wissenschaftliche" Bearbeitung ... Er fühlt sich als (obendrein mitunter weltberühmten, populären, in illustrierten Blättern wie Boxer und Operettendiven posierenden) Priester dieser Geheimwissenschaft. Wer sich des komplizierten Jargons bemächtigt, kann dann getrost Blödsinn schreiben, ohne kontrollierbar zu sein. – Einfachheit, Klarheit bis zur Durchsichtigkeit gehört zum Wesen der Wahrheit und Wissenschaft. Jede überflüssige Komplizierung ist Mord an der Wahrheit, verhält sich zu ihr wie (Marcus) „ein Gassenhauer zu einer Beethovenschen Symphonie". Wartet nur! Schließlich bläst ein Genie den akadämlichen Dunst weg, und Simplizität ist wieder das Siegel der Wahrheit.

30. Wie beseitigt man diese Sophistik?

Indem man den Empirismus beseitigt und die Erfahrung exakt und präzis wie Kant als apriorische Form mit aposteriorischem Gehalt aufzeigt. Der Empiriker, der (wie Einstein) die Wahrheit der apriorischen Form der Erfahrung nicht einsieht, verfällt in einen sophistischen Apriorismus.

31. Warum ist aller Empirismus sophistisch?

Überall, wo es sich um Unterscheidungen handelt, müssen wir uns auf unsere ursprüngliche (nicht reflektierende, naive) Urteilskraft verlassen. Sie unterscheidet z. B. offensichtlich bloße Wahrscheinlichkeitsregeln, die Ausnahmen zulassen, von streng ausnahmslosen Gesetzen. Der Empiriker könnte sich gar nicht bemühen, diesen Unterschied zu verwischen und streng notwendige apriorische Gesetze zu leugnen, wenn er sie nicht konstatierte. Unterschiede kann man verwischen, aber nicht erflunkern. Die Urteilskraft unterscheidet aber präzis apriorische Form der Erfahrung von empirischem Gehalt.

32. Wie demnach lautet das oberste Problem der Erkenntnistheorie?

Wie die Urteilskraft dazu komme, notwendige allgemeine Gesetze von bloßen Wahrscheinlichkeitsregeln zu unterscheiden. Der Empirismus schlägt den Unterschied zwischen Gesetzen und Wahrscheinlichkeitsregeln sophistisch tot, weil er von dem Wahne nicht loskommt, daß Erfahrung nur a posteriori erworben werden könne. Trotzdem er die Erfahrung seines eigenen Intellektes a priori erwirbt, zweifelt er selbst a priori an der Möglichkeit des Apriori! Z. B. fälscht Einstein Unterschiede in der Gleichzeitigkeit rezipierter Lichtstrahlen zur Relativität einer von den Lichtstrahlen losgelösten Gleichzeitigkeit um. Sogar der Geometrie raubt er ihre Krone, die unumstößliche Gewißheit, um sie durch erflunkerte aprioristische Wunder, gekrümmte und vierdimensionale Räume übertrumpfen zu können. Sein sophistischer Schmiedehammer ist so kräftig, daß er die unfehlbaren Gewißheiten weghaut und der Geometrie Flunkereien annietet.

33. Wie benimmt sich die gesunde Reflexion im Gegensatz zur sophistischen?

Sie bleibt in ihren bescheidenen Grenzen. Sie isoliert, ordnet, kopiert die Gesetze der organischen, von der sie erzeugt wird. Sie läßt Begriff mit Anschauung kooperieren. Sie verbiegt keine Realität zugunsten erflunkerter Hypothesen. Sie beugt sich den noch so wunderbar und unglaublich scheinenden Tatsachen, dergleichen z. B. die Tatsache der unfehlbaren Gewißheit der apriorischen Form der Erfahrung ist. Der Sophist weigert sich, an diese Gewißheit zu glauben und macht aus diesem Unglauben, der auf mangelndem Wissen beruht, seine empiristische Überzeugung, die demnach nur ein blinder Unglaube statt der wissenden Einsicht ist.

34. Warum wird der Apriorismus nicht eingesehen?

Weil man die Reflexion überschätzt. Weil man wähnt, Kants Kritik sei Produkt der Reflexion, während doch Kant vor allem Dynamiker ist, und seine ganze Reflexion auf dynamisch-organischen Realitäten beruht. So ist z. B. die Freiheit des Willens keine bloße „Idee", vielmehr ist das Verantwortungsbewußtsein eine Tatsache der Vernunft, und diese Tatsache macht den *Gebrauch* der Freiheitsidee unumgänglich. Ohne diese verwirklichte Freiheit gäbe es keinen Willen, kein Ich, also keine Verantwortlichkeit.

35. Wie argumentieren die Empiristen?

Weil manches zweifelhaft ist, sei alles zweifelhaft; und weil manches irrig ist, könne alles irrig sein. Also weil es gestern geblitzt hat, muß es auch heute blitzen? Ohne Rücksicht auf Erfahrung und Verstand darf man keinen Zweifel verallgemeinern. Wer an allem zweifelt, der macht ja auch die Richtigkeit seines eigenen Zweifels mit zweifelhaft. Pur logische Verallgemeinerungen sind pure Gedankenspielereien, die mit der Realität nichts gemein haben. Zum Beispiel:

36. Worauf beruhen die sog. Intuitionen, Inspirationen, Eingebungen?

Auf der blitzschnell funktionierenden organischen Urteilskraft. Einem Experiment geht z. B. eine unmerkliche Prognosis vorher; so sucht man ja auch unwillkürlich die Wirkung einer Ursache.

37. Welches ist der berechtigte Kern des Empirismus?

Ein *apriorischer* Grundsatz, ohne den Erfahrung unmöglich ist, nämlich: – (und dies ist nicht etwa ein bloßes methodisches Prinzip), daß nomologische Induktion über alle materiale Wahrheit entscheidet.

38. Wie kommt es, daß die Sophistik heutzutage bis in die experimentell kontrollierbaren exakten Wissenschaften eingedrungen ist?

Es ist allzu verführerisch, geistig so sparsam wie möglich zu verfahren und also mittelst bereits vorhandener Begriffe neuen Phänomenen beizukommen. Dazu hat man nichts nötig als Reflexionen. Und nun reizt es, diese so gewonnenen Reflexionen zu mißbrauchen, um auch alle künftigen Rätsel schon im voraus zu lösen oder mindestens die Methode zu ihrer Lösung vorauszubestimmen. Der Empirist sucht hier den Stein der Weisen, vermittelst dessen er die Natur zwingen will, jede Frage unverzüglich zu beantworten.

39. Was entsteht dadurch?

... „Hegel", d. h. ein majestätischer Palast aus Begriffen mit sich zu fleißigster Faulheit steigernder Komplikation. Durch allgemeine Begriffe werden die konkreten Unterschiede verwischt, ja verrenkt. Der Bewohner eines solchen Palais erwidert jeden realen Angriff mit verzwicktesten Gedankenkonstruktionen. Derartige Begabungen zu Begriffskombinationen sind wohlfeiler zu haben als die wirklichen eines Kopernikus, Newton, Kant. Sogar der Ungebildete kann seine vermeintlichen Rechte sophistisch glänzend verteidigen.

40. Ist diese Sophistik schädlich?

Sehr! Die Wirkungen des Irrtums sind mindestens so schädlich wie die der Lüge und vielleicht noch schwerer zu beseitigen.

41. Was hilft hiergegen?

Daß man sich die Kantische Wahrheit einschärft: – Begriff ohne Anschauung bleibt hohl, wie Anschauung (Gefühl, Erlebnis, Irrationales) ohne Begriff blind, d. h. unerkennbar, so gut wie nichts. Überwuchert der Begriff, so haben wir die Sophistik. Überwuchert das Erleben, so haben wir die Parteilichkeit, die sich blindlings erregt (z. B. den Antisemitismus, der hirnlos wütet oder sich sophistischer Hirne bedient). Mit seinen plumpen Begriffen verwischt der Sophist Kantische Begriffsunterschiede, wähnt aber, Kant damit widerlegen zu können.

42. Wer hält das Kausalgesetz für problematisch?

Der empiristische Sophist, während der naiv unverschrobene Mensch, der Kant nicht einmal kennt, es für notwendig gültig, für wahr hält.

43. Wie kommt das?

Weil wir, wenn wir noch gar nicht theoretisch reflektieren, a priori urteilen, daß die Sinnenwelt nur zeiträumlich und nur unter gewissen Bedingungen erkennbar ist. Schon das Kind bedient sich des Axioms der Graden als der kürzesten Entfernung zwischen zwei Punkten. Die abstrakten Vorstellungen über solche Urwahrheiten hat eigentlich erst Kant präzis isoliert. Die unmittelbare, noch nicht in abstracto erkannte Einsicht kennt den konstanten logischen Typus der Natur zum voraus. Und auf dieser naiven, gemeinen, einfachen, elementaren, laienhaften Erfahrung beruht die gesamte Wissenschaft und unterscheidet sich von jener nur durch Methodik und Systematik. Der Erfahrungserwerb des Kindes unterscheidet sich von dem des Naturforschers nicht durch die verschiedene Art der Verstandesfunktion, sondern nur durch System und Mittel. Die gegenteilige Behauptung der Cohenschen Schule ist sophistisch.

44. Gibt es ebensoviele Logiken und Weltanschauungen wie „Standpunkte des Beobachters"?

Diese Annahme ist schiere Sophistik, Flunkerei, Ignoranz. Man sprengt Begriffe von ihrem sensualen Ursprunge los und verkrüppelt sie dann willkürlich bis zum Widersinn. So spricht man von einer relativen Wahrheit, d. h. man subjektiviert eine Objektivrelation. Den Begriff dieser Relativität bringt man unter den einer absoluten Wahrheit und hebt diesen auf, indem man ihn unter den Begriff der Relativität bringt. Objektivrelationen sind keine subjektiven, also keine bloßen Beobachterstandpunkte. Verflunkert man die Objektivrelationen zu subjektiven, so wird aus Wissenschaft bloße Ansichts-, ja Geschmacksache, und dieser Geschmack und aller Schein auch eine „relative Wahrheit", ja der Irrtum wird eine solche. So deformiert z. B. Einstein in der speziellen Relativitätstheorie den Zeitbegriff. Er begründet seine Theorie falsch und zerstört dadurch die sichersten Grundsätze der Physik, indem er sie subjektivistisch problematisiert. Er stützt den verschiedenen Zeitverlauf dynamischer Vorgänge auf das wesentlich adynamische Relativitätsprinzip, das seine Erscheinungen ohne alle Dynamik lediglich kinetisch-mathematisch konstruiert. Aber diese Einsteinsche Sophistik macht aus einer Abweichung von den Konsequenzen des Relativitätsprinzips einen Widerspruch gegen eben dieses Prinzip. Sie identifiziert sophistisch den Begriff einer Abweichung von Bewegungsvorgängen mit dem Begriff des Widerspruchs gegen ein Gesetz. Es resultiert eine Scheinwahrheit (nicht etwa eine Wahrscheinlichkeit).

45. Welcher *physikalische* Fehler macht Albert Einsteins spezielle Relativitätstheorie unhaltbar?

Die Lichtbewegung ist nicht nur phänomenal, sondern *wirklich!* Also kann hier nicht, wie im klassischen Relativitätsprinzip, die Gegenbewegung des Körpers gegen die Lichtquelle an die Stelle der wirklichen Lichtbewegung gesetzt werden. Im klassischen Relativitätsprinzip ist kein System bevorzugt. Aber Albert Einstein verbindet damit – und das ist ein grober Fehler – das bevorzugte „Bezugssystem“ der Lichtbewegung.

46. Was verkennen die meisten Physiker?

Daß die Natur ohne apriorische Antizipation, ohne einheitlich vorgefaßten Plan nicht beurteilt werden kann. Ohne ihn zerfällt die Wissenschaft in lauter uneinheitliche Spezialforschungen, in einander widersprechende Gesetze, wie die Moderne (unter dem Triumphieren der Obskuranten) bereits zeigt. Es gibt aber einen einheitlichen apriorischen Organismus unseres Intellekts. Kant hat ihn entdeckt und analysiert, ohne daß sich die Naturforscher anders darum kümmern, als daß sie ihn widerlegt zu haben wähnen. Zugrunde liegen Zeit und Raum. Die Fundamentalsätze der Urteilskraft konstituieren a priori die Gesetzmäßigkeit der Natur. Auch der Empirist nimmt, *ohne es zu merken*, a priori an, daß die Natur unter einheitlichen Gesetzen steht. Ohne apriorische Gesetzmäßigkeit ist die empirische, also Erfahrung, also Wissenschaft unmöglich.

47. Welche Fehler enthält Einsteins Relativitätstheorie?

Es stecken in ihr mathematische Fiktionen. Beispiel: – wird in deiner Nähe ein Geschütz abgefeuert, so nimmst du Knall und Blitz gleichzeitig wahr. Entfernst du dich, so nimmst du den Knall später wahr als den Blitz.

48. Ist deswegen der Zeitbegriff relativ? Gibt es keine in beiden Fällen gültige Gleichzeitigkeit?

Das wäre Unsinn: – hier wird eine Fiktion mit einer Realität verwechselt. Die Annahme, daß du in beiden Fällen *dasselbe* Ereignis wahrgenommen hättest, ist falsch. Im Fall deiner Nähe nimmst du etwas *anderes* wahr als im Fall deiner Ferne, ganz andre Licht- und Schallwellen. Die Identität ist nur fingiert. Wohl die Realität, aber nicht die bloße Rechnung leidet, wenn ich aus realen sechzehnmaldrei Äpfeln fingierte dreimalsechzehn mache. Und nur zum Zwecke der Rechnungsoperation fingiert die Relativitätstheorie, daß die reale Zeit und Gleichzeitigkeit, die ja überall in der Tat identisch ist, überall im Raum verschieden sei. Rechnerisch, vergessend, daß er nur fingiert, gelangt Einstein zu der absurden Behauptung, die reale Zeit sei relativ. Dann allerdings wäre Kant und mit ihm der Verstand selber als Irrtum widerlegt. Aber der Rechnung zuliebe wird hier die Wirklichkeit sophistisch verflunkert.

49. Was fingieren diese Rechner zum Beispiel noch?

Die Identifikation von Gravitation mit Trägheit. Auch die gesamte sog. nichteuklidische Geometrie beruht auf Fiktionen, die mit der Wirklichkeit nichts zu tun haben, also Kant, der Realdenker ist, nie widerlegen können.

50. Weswegen bedecken sich die modernen „Einsteinianer“ mit Schande?

Es ist eine Schmach, daß Naturforscher in die Weltanschauung Kants, d. i. in die Lebenswahrheit hineinpfuschen, ohne Kant studiert und verstanden zu haben: – die Relativitätstheorie, eine neue naturwissenschaftliche Hypothese mit etwa guten Resultaten, aber offensichtlich ungereinigten, unsauberen Prämissen greift vermittelst ihrer falschen Voraussetzungen die richtigen, echten, die unumstößlichen Kants an, welche zugleich die der sichersten Wissenschaft sind. Ohne es auch nur inne zu werden, unterwühlen diese Maulwürfe dadurch das Fundament der Ethik … Als ob die minutiösesten Kenntnisse der Lichterscheinungen, die genialsten Werke sogar der Kunst – wichtiger wären als das, was den Menschen erst recht eigentlich mit Notwendigkeit *zum* Menschen macht: Sittlichkeit! Ist das nicht unverantwortlich?

51. Wodurch wird die Verteidigung Kants gegen diese nur rechnerischen Sophisten völlig siegreich?

Ohne die Grundlage der elementaren Erfahrung ist keine Naturwissenschaft, noch nicht einmal die Erkenntnis des eigenen Leibes möglich. Aber ohne unseren Intellekt, der aus Verstand und Sinnlichkeit (Zeit und Raum) besteht, ist keine Erfahrung möglich; das hat Kant strikt bewiesen. Folglich kommt die Naturwissenschaft, um Kant zu widerlegen, zu spät: – sie hat es mit ihm, mit ihrem Grundleger, gar nicht mehr zu tun. Sie bedient sich bereits der *fertigen* elementaren Erfahrung. Kant hat es mit der Vereinheitlichung der *Empfindungen*, die Naturwissenschaft mit der von *Erfahrungen* zu tun. Kant hat die Bedingungen der elementaren Erfahrung entdeckt. Diese elementaren Bedingungen der Erfahrung sind die der Naturwissenschaft, ja der Naturforscher (Einsteins) selber! Folglich verstößt eine Kant widerlegen wollende Naturwissenschaft gegen den – Verstand! Der „gekrümmte“ Raum ist z. B. eine nur dem Rechnungszweck dienende Fiktion. Ohne Kant ist kein Einstein möglich, aber das weiß Einstein noch nicht … Er wäre ohne seine schwärmerischen Anhänger (z. B. Moszkowski) längst darüber aufgeklärt worden.

52. Ist Einsteins spezielle Relativitätstheorie wenigstens physikalisch, wenn schon nicht erkenntniskritisch zu retten?

Nein, sie ist auch auf physikalischem Gebiet unheilbar. Sie enthält einen Fehler, der sie hinfällig macht, man lese darüber:

1. O. Kraus, Offene Briefe an Albert Einstein;
2. E. Marcus, Kritik der speziellen Relativitätstheorie.

Einstein, das ist strengstens nachgewiesen, macht eine *tatsachenwidrige* Voraussetzung, deren Wegfall die Theorie unmöglich macht. Noch so viel Mathematik verwandelt fingierte Tatsachen nicht in echte. Um die herrschende Lichthypothese, die durch das Michelson-Experiment verdächtig geworden ist, unter allen Umständen zu retten, verändert Einstein die Maß- und Gestaltverhältnisse der ganzen Welt. Als ob jemand, wie Thedinga illustriert, um seine fehlerhafte Rechnung zu retten, das Einmaleins umstürzen wollte. Das Problem lautet: – nach welchen Gesetzen bewegt sich das Licht? Dieses Problem ist zu lösen, bevor man Einsteins Abstrusitäten zuläßt. Maßdeformationen sind bloße Rechnereien, die sich experimentell weder beweisen noch widerlegen lassen. Sophistik.

53. Wodurch wird Einsteins spezielle Relativitätstheorie endgültig beseitigt?

Durch Ernst Marcus' Kritik dieser Theorie. „Ein Skandal der Wissenschaft" heißt es von dieser Theorie in Marcus' Nachlaß. Bei Marcus ist das Michelson-Morley-Experiment und das Fizeau-Experiment ohne Deformationshypothese und Transformation erklärt, und zwar durch eine neue Lichthypothese, die den Übergang des Lichts nicht nur von dessen Emittenten, sondern auch vom Rezipienten abhängig macht, also polar verfährt.

54. Welches ist Einsteins Grundfehler?

Einstein verwechselt die Relativität der Dauer gleicher Ereignisse mit der Relativität der Zeit selbst. Aber die Relativität der Dauer läßt sich, ohne Voraussetzung absoluter Zeit und absoluter Gleichzeitigkeit, gar nicht feststellen. Ohne die von aller Materie (z. B. dem Gang von Uhren) unabhängige einheitliche Zeit von absolut gleichförmiger Quantität würde die Dauer gleicher materieller Zustände oder Vorgänge nicht vergleichbar sein; das gemeinschaftliche Maß würde fehlen. – In der Naturwissenschaft vollkommen geschult, ist Einstein vollkommener Ignorant auf dem Gebiete der Denk-, der Vernunftwissenschaft.

55. Worin besteht nach Einstein die objektive Erkenntnis der Wirklichkeit?

In der Relation des Gegenstandes zum Beobachter. Das wäre aber keine Objektiverkenntnis, sondern eine bloße subjektive Wahrnehmung. Echte Objektiverkenntnis besteht immer nur in der Ermittelung der Beziehung des Gegenstandes zum Gegenstande. Weil zwei Beobachter denselben Stab, der eine so, der andere anders lang sehen, bestreitet Einstein eine von den verschiedenen Beobachtern unabhängige Gestalt und Größe; das ist Mumpitz. Als ob die Verkürzung eines optischen Gebildes nicht ohne wirkliche Objektivverkürzung des Stabes stattfinden könnte! … Solange sich innerhalb der Materie des Stabes keine kinetischen Veränderungen vollziehen, behält er, wie man ihn auch erblicke, seine wirkliche Größe und Gestalt bei. Absurderweise behandelt Einstein optische Feststellungen als *objektiv* wirkliche! Wahrnehmungen als *Erfahrungen!* Als ob es kein vom Beobachter unabhängiges Verhalten der Objekte gäbe! Wie verhalten sich solche bloß wahrgenommenen Feststellungen zur materiellen Wirklichkeit? – Dieser eigentliche Gegenstand der Naturwissenschaft wird verwischt. Die klassische, angeblich von Einstein überwundene Mechanik hat es mit der objektiven Wirklichkeit zu tun, die durch eine noch so große Menge von Sinneswahrnehmungen nicht festgestellt werden kann. – Man studiere Kant, wenn man wissen will, wodurch sich Schein von Wirklichkeit unterscheidet, und worin wahre Objektivität besteht. Einstein schiebt dies als unerheblich beiseite und kümmert sich immer nur um die „Relation zum Beobachter“.

56. Was sind Neukantianer (z. B. Cohen, Cassirer usw.)?

Antikantianer; und zwar hat Einstein solche selber so bezeichnet (Heft 24 der Deutsch. Lit.-Ztg. 1925). Aber Einstein hat von Kant nur einen vagen Schimmer … Das liegt an den „Neukantianern“, die ihn übel beraten haben. Die grandiosen Naturforscher haben zwar alle Zeit, Weltanschauung zu machen, aber gar keine: – Kants Prolegomena mindestens zu studieren. So bildet sich denn Einstein leider ein, Kants Normen seien durch die Relativitätstheorie unhaltbar geworden. Aber Einstein verwirrt nur, was Kant sorgfältig unterschieden hat, z. B. die erfüllte Zeit mit der leeren. Einstein identifiziert die Zeit selber mit der Dauer von Zuständen in ihr; ist das nicht absurd? – So wenig der Raum seinem Inhalt eine bestimmte Figur, so wenig schreibt die Zeit ihrem Inhalt eine bestimmte Dauer vor. Mag diese Dauer relativ sein, die Zeit selber ist es nicht. In einer und derselben Sekunde kann ein Rad geschwindere oder langsamere Umdrehungen machen. Diese Quantität der Zeit muß sich dabei gleich bleiben, Sekunde gleich Sekunde, wenn diese sie erfüllende Relativität des Tempos verglichen, gemessen werden soll; sonst verliert die Sekunde den Charakter des Maßes. Einheit der Zeit ist die unumstößliche Bedingung aller unserer Erfahrung. Ohne diese Einheit ginge der Verstand selber in die Brüche. Kant ist von der Naturwissenschaft her *niemals* zu widerlegen, weil sie, um nur sein zu können, Kants Lehre schon voraussetzen muß. Aber die Naturwissenschaft ist über diesen Punkt unwissend, wie Einsteins irrige Voraussetzungen lehren. – Ähnlich irrt sich Einstein über Euklid, den er ebenfalls überwunden zu haben wähnt: – ohne euklidische Geometrie ist die sog. nichteuklidische unmöglich, wie ohne Eins die Zahlenreihe, ohne Null die Skala. Krümmungen der Materie im Raum konfundiert Einstein mit der Absurdität des gekrümmten Weltraums. Der ungekrümmte Raum ist die Bedingung der Möglichkeit von Krümmungen in ihm. Es gibt gar keinen „euklidischen" Raum, sondern Euklid entdeckte gewisse Verhältnisse im Weltraum, wie Einstein andere. Einstein verfällt, mangels erkenntniskritischer Schulung, einer Scheinlogik, in der gekrümmte und mehr als dreidimensionale Räume die Rolle einer irrigen Begründung etwa richtiger Resultate spielen.

57. Ist die mathematische Methode auf Physik anwendbar?

Nein. Das wäre der gleiche Mißgriff, den Spinoza machte, als er diese Methode auf die Philosophie anwenden wollte. Die Ergebnisse der Mathematik, nicht aber ihre Methoden sind auf Physik anwendbar. In der Physik gibt es keine Axiome. Mathematische Definitionen sind fest, während die der Physik fließen. Der Physiker soll frei vom Zwang jeder Methode arbeiten. Ähnlich wie in der Kunst fordert jedes physikalische Problem eine besondere Methode der Lösung. Die Methoden der Physik sind also so mannigfaltig wie die Probleme der Natur. Folgt man von vornherein einer Methode, in die man alles zu zwängen sucht, so entsteht nur eine schwer gelehrte Beschäftigung unproduktiver Köpfe, die geeignet ist, produktive zu verderben: – Scholastik, Sophistik, Alexandrinismus als Degenerationserscheinung.

58. Wie würde Kant Einsteins Lehre kritisieren?

Nach Kant haben wir zweierlei Gesetzmäßigkeiten in unserem Verstand inne:

1. die dynamische;
2. die mathematische.

Beispielsweise: – das dynamische Kausalgesetz enthält die Vorstellung des Erzeugens. Aber mathematisch erkennbar wird die Ursache einer Veränderung nur durch Beobachtung der regelmäßigen zeitlichen Aufeinanderfolge der Veränderungen. Weil und Hinterher verhalten sich wie Dynamik und Mathematik. Ohne Weil kein Hinterher: das Weil veranlaßt uns erst, nach der regelmäßigen Aufeinanderfolge zu forschen, uns mit keinem zufälligen Hinterher zu begnügen. Die moderne Physik nun und speziell Einsteins Relativitätstheorie löst sich in eine bloße mathematisch bestimmte Beschreibung der Erscheinungen in Zeit und Raum auf und schaltet den Dynamismus, den Begriff der Kraft aus.

59. Was lehrt demgegenüber Newton? Wie kam er zum Begriff der Anziehungskraft der Erde?

Das Fallen der Körper zur Erde ist die mathematische Vorstellung einer Bewegung im Raum. Aber Newton suchte nach einer *Ursache* des Fallens. Er fand, daß alle fallenden Körper die Richtung zum Mittelpunkt der Erde nehmen. Er schloß auf eine einheitliche Ursache dieser gemeinsamen Bewegungsrichtung. Ohne diesen Dynamismus, dieses Forschen nach der Grundursache konnte das Newtonsche System nicht entstehen. Identifiziert man nun wie Einstein die Schwerkraft mit der Trägheit, so beschreibt man nur, ohne *Einsicht* in die Gründe. Ohne diese Einsicht verzichtet man auf die

Begreiflichkeit, die Gewißheit der Realität, auf den *Geist* der Wissenschaft; man macht sie zur Rechenmaschine. Damit also vermeint man, Newton und die ganze „klassische" Mechanik überwunden zu haben? Aber ohne Newton wäre auch Einstein unbegreiflich. Er spürt das nur nicht, weil sich Ptolemäus ebensogut wie Kopernikus *berechnen* läßt, wenn man dynamische Absurditäten in Kauf nimmt, sich um die Realität nicht kümmert, sondern Rechenfiktionen für real hält. Wüßte man aus der alten Mechanik nicht um den Unterschied zwischen Gravitation und Trägheit – wie käme man darauf, sie identifizieren zu wollen? Einsteins Relativitätstheorie hebt gar nicht die Wahrheit, höchstens die mangelnde Vollständigkeit der bisherigen auf. Einstein mag mathematisch exakter erkennen, ist aber kein Revolutionär wie Kopernikus oder gar Kant. Einstein hat auch keineswegs die Existenz des Weltäthers widerlegt, wie Kant sie begründet, wonach der Weltäther die ununterscheidbare Substanz der unterscheidbaren Körper ist. Aber als purer Mathematiker ist Einstein in vollem Recht: – in jeder besonderen Naturlehre – das sieht Kant a priori ein – wird nur so viel eigentliche Wissenschaft angetroffen, als darin Mathematik anzutreffen ist. Einsteins Verbindung der Raum- und Zeitmessung in einer einzigen Formel ist bewunderungswert. Aber Unrecht hat er, alle Dynamik auszuschalten. Das würde auch gar nicht gelingen. So setzt nun Einstein eine verwaschene Dynamik an Stelle der präzis systematischen. Er vermeidet zwar dem Wortlaut, aber nicht dem Sinne nach den Begriff der Ursache und Kraft. So macht er den (obendrein gekrümmten) physikalischen Raum zum Kraftfaktor mit „Kraftfeldern", wobei „Feld" den präzisen dynamischen Begriff ersetzen soll. Die Realitätsfrage beantwortet er verwaschen, indem er optische mit Tastempfindungen gleich wertet, während doch nur Tastgrenzen kausalen Widerstand leisten und real dynamisch sind, optische dagegen nur phänomenal. – Nicht so sehr demnach in der fehlenden Anschaulichkeit, sondern in der Vernachlässigung einer scharfen dynamischen Systematisierung liegt der Mangel der Einsteinschen Theorie. Dieser Mangel wird nur durch Verbindung mit der bisherigen, nicht falschen, nur unvollständigen Mechanik zu heben sein, – Einstein ist kein Umwälzer, sondern nur ein Weiterentwickeler der bisherigen Physik, deren

Messungsmethoden er überraschend verfeinert hat. Genügt ihm dieses Verdienst nicht, so ist er ein verdächtiges Selbstmißverständnis …

60. Wird Kant durch Einstein widerlegt?

Nie und nimmer. Die Hypothese des „gekrümmten" Raums, infolge derer man Euklid und Kant widerlegt wähnt, ist so falsch wie überflüssig. Ein physischer Raum, in dem nur krumme Linien angetroffen werden, genügt. Wer den Weltraum selber krümmt, irrt sich. Der Weltraum ist weder krumm noch grade; alles Krumme und Grade ist Figur *im* Raum und nur vorstellbar in Relation zum Raum. Ohne das Gerade würden wir Krummes nicht vorstellen können. Euklid hat die Elemente der Geometrie entdeckt, deren Komplikationen diese Entdeckung niemals umstoßen. Die analytische und sog. nichteuklidische Geometrie ist nur Ausbau der elementaren. Ohne Euklid auch keine „nichteuklidische" Geometrie. Man hat nicht die Wahrheit Euklids, nur deren Vollständigkeit übertroffen, die Genauigkeit der Messung. Der Einsteinsche Ausdruck einer „vierdimensionalen Raumzeit" ist von schlimmer, irreführender Paradoxie. Gemeint kann hier nur eine rechnerische Fiktion sein, nämlich die Vereinigung der *Messung* der Zeit- und Raumgrößen in einer einzigen mathematischen Formel.

61. Gibt es mehr als dreidimensionale Räume?

Nein. Das sind schlechte Fiktionen. Aus Dimensionen kann man keinen Raum konstruieren, so wenig wie aus Tönen eine Violine. Umgekehrt: – unser Dimensionenbegriff ist vom Raum abgeleitet.

62. Folgt aus Einsteins evtl. richtigen Resultaten auch die Richtigkeit aller seiner Prämissen?

Keineswegs. Einstein hat in seine Hypothesen entstellende, falsche, metaphysische Zusätze aufgenommen, deren Wegfall die Wahrheit seiner Theorie erst vervollkommnen würde. Experimente, von denen die Wahrheit der Hypothese bewiesen wird, beweisen nie die Wahrheit jener Fehler mit. Nichts hindert, die Hypothese mit solchen Zusätzen zu versehen, die mit Kant, d. h. dem elementaren

Verstand übereinstimmen. Ohne Kants apriorische Bedingungen aller Erfahrung kann kein Naturforscher eine wahre Physik zustandebringen. Wohl aber kann er das, ohne Kant zu kennen, gerät aber dann sehr leicht in die Gefahr zahlloser Irrtümer. Wähnt er aber gar, Kant widerlegt zu haben, so verantwortet er, das Fundament der Moral und Religion – denn das ist die Kantische Entdeckung – zu unterwühlen. Wer das so leichtfertig tut wie die Relativisten (z. B. der Professor Hans Reichenbach im Rundfunk), der gefährdet etwas, das unendlich wichtiger ist als aller Fortschritt der Naturwissenschaft: – den Fortschritt der sittlichen Kultur.

63. Welches sind die apriorischen Grundgesetze?

Sie betreffen die verschiedenen Arten des Zusammenhangs der Materialgebilde in Zeit und Raum: 1. Alle räumlichen Gebilde sind extensive, d. h. quantitativ bestimmbare Größen; 2. sie sind nach der Gradualordnung intensiv bestimmbar; 3. sie haben kausalen Zusammenhang, wechselseitigen Einfluß aufeinander, sind materiell konstant, erhalten ihre Substanz trotz allem Wechsel. Entfernt man einen einzigen Teil dieses apriorischen Räderwerks, so kommt die ganze Maschine in Verwirrung. In allen diesen Gesetzen wirkt Logik mit Anschauung zusammen, es gibt keine sophistische Begriffsspielerei.

II

64. Was versteht man unter Natur?

Die Sinnenwelt unter Ausschließung aller nichtsinnlichen Objekte.

65. Wie teilt man sie ein?

In ausgedehnte und in denkende, fühlende, wollende Natur.

66. Wie teilt man die Lehre von der Natur ein?

Soll die Lehre System, d. h. nach Prinzipien geordnetes Ganzes der Erkenntnis sein, so ist sie Wissenschaft. Naturbeschreibung und Naturgeschichte sind noch keine Naturwissenschaft. Diese muß Einsicht in den Zusammenhang der Dinge geben. Sie tut es entweder nur empirisch oder aus Gründen, die Erfahrung erst möglich machen: – nur diese letztere ist recht eigentlich Natur*wissenschaft*.

67. Was ist das Kennzeichen eigentlicher Wissenschaft?

Unfehlbare Gewißheit, Notwendigkeit.

68. Wie heißt eine solche unfehlbar gewisse Naturwissenschaft?

A priori, d. h. rein von aller besonderen Erfahrung. Die besonderen Naturwissenschaften sind, im Unterschiede dazu, angewandte Vernunfterkenntnisse. Nur jene reine ist eigentliche Naturwissenschaft. Sie enthält die Prinzipien a priori aller übrigen Naturerklärungen.

69. Wie unterscheidet sich Philosophie von Mathematik?

Philosophie oder Metaphysik ist reine Vernunfterkenntnis aus bloßen Begriffen. Mathematik aber beruht auf Konstruktion der Begriffe durch Darstellung des Gegenstandes in einer reinen Anschauung (Raum und Zeit). Eigentliche Naturwissenschaft setzt also Metaphysik der Natur voraus, sei es allgemeine, sei es besondere. In jeder besonderen Naturlehre kann nur so viel eigentliche Naturwissenschaft angetroffen werden, als darin Mathematik anzutreffen ist. Ohne Konstruktion bleiben die Begriffe bloße Gedanken.

70. Wodurch wird die Anwendung der Mathematik auf die Körperlehre möglich?

Durch Grundsätze der Konstruktion aller Begriffe, die zur Möglichkeit der Materie gehören. Dazu benötigt man die Zergliederung des Begriffes der Materie.

71. Was ist Erfahrung? (Vgl. Nr. 20.)

Beherrschung des Mannigfaltigen der sinnlichen Vorstellungen durch die apriorischen Gesetze des Verstandes zum Zwecke der Erkenntnis.

72. Ist die apriorische Gesetzlichkeit vollständig darzulegen?

Absolut: – es gibt bestimmte allgemeine Gesetze des Denkens: Logik. Sie gewährleisten die absolute Vollständigkeit aller Wissenschaften, die sich auf sie stützen, ohne die mannigfaltige Anschauung zu Hilfe nehmen zu müssen. Die metaphysische Körperlehre läßt sich daher vollständig erschöpfend darstellen.

73. Worin besteht diese apriorische Gesetzmäßigkeit?

In den Kategorien, den Elementen alles Denkens, die in vier Klassen teilbar sind: Quantität, Qualität, Relation, Modalität. Alles, was von der Materie a priori gedacht, in der mathematischen Konstruktion dargestellt, in der Erfahrung als bestimmter Gegenstand dieser gegeben werden kann, läßt sich unter diese vier Klassen bringen.

74. Welches ist die Grundbestimmung eines Etwas äußerer Sinne?

Bewegung. Durch Bewegung allein werden die Sinne affiziert. Also ist die Naturwissenschaft reine oder angewandte Bewegungslehre.

75. Wie demnach teilen sich die metaphysischen Anfangsgründe der Naturwissenschaft ein?

Unter ihre vier Hauptstücke gebracht in: 1. Phoronomie, d. i. Bewegung als *Quantum*, ohne alle Qualität des Beweglichen betrachtet; 2. Dynamik: Bewegung, als zur *Qualität* der Materie gehörig, unter dem Namen einer ursprünglichen Kraft; 3. Mechanik: Bewegung als gegenseitige *Relation* von Bewegungen; 4. Phänomenologie: Bewegung (oder Ruhe) bloß in Beziehung auf unsere subjektive Vorstellungsart (*Modalität*).

76. Wozu braucht der Mathematiker diese Metaphysik der Natur?

Um seine Mathematik ohne Irrtum auf die Natur physikalisch anwenden zu können. Mathematische Naturforscher sollten es nicht unwichtig finden, den metaphysischen Teil, der ihnen unentbehrlich ist, um ihre Physik zu fundamentieren, besonders zu behandeln und mit der mathematischen Bewegungslehre in Vereinigung zu bringen.

Phoronomie

77. Worin besteht die Phoronomie?

In der Erklärung der Materie als des Beweglichen im Raum. Der Raum, der beweglich ist, heißt (zum Unterschiede vom absoluten) der relative Raum. Alle Bewegung muß zuletzt im absoluten Raum *gedacht* werden.

78. Was unterscheidet man an der reinen Bewegung?

Geschwindigkeit und Richtung. Die Materie selbst kann hier punktuell gedacht werden.

79. Was ist in phoronomischer Hinsicht Materie?

Gegenstand äußerer Sinne, der in der Form des Raums erscheint. Im Gegensatz zum apriorischen Raum der empirische, der den Sinnen empfindliche Raum als bewegliche Materie. Soll Materie wahrnehmbar sein, so setzt sie einen weiteren Raum voraus, worin sie sich bewegt, auch dieser wieder einen und so ins Unendliche fort. Alle erfahrbare Bewegung ist bloß relativ. Der Raum, worin sie wahrgenommen wird, bewegt sich (vielleicht in entgegengesetzter Richtung) in einem erweiterten. In Beziehung auf den ersteren kann die Materie ruhen.

80. Was ist absoluter Raum?

An sich nichts und kein Objekt. Er *bedeutet* nur jeden anderen Raum, um diesen immer noch als umschließbar erkennen zu lassen. Er ist kein Gegenstand der Erfahrung, sondern wird vorausgesetzt, um Erfahrung zu *ermöglichen*. Ich muß ihn daher immer *in Gedanken* haben: als reinen, nichtempirischen Raum, mit dem ich jeden anderen vergleiche und in ihm als beweglich vorstelle. Er ist nicht etwa eine physische Allgemeinheit des wirklichen Umfanges. Wer ihn so mißversteht, muß ihn freilich leugnen oder gar (wie Einstein) „krümmen" … Naturwissenschaft als angewandte Metaphysik ist den bedeutendsten Naturforschern leider noch nicht bekannt.

81. Was ist Bewegung eines Dinges?

Veränderung seiner äußeren Verhältnisse zu einem gegebenen Raum.

82. Welche Arten Bewegungen unterscheidet man?

Drehende (ohne Veränderung des Orts) oder fortschreitende. Die fortschreitenden erweitern entweder den Raum oder sind auf einen gegebenen Raum eingeschränkt. Gradlinige oder nicht in sich zurückkehrende Bewegungen erweitern im Fortschreiten ihren Raum. In sich zurückkehrende sind auf einen gegebenen Raum eingeschränkt: sie sind entweder kreisförmig oder pendelnd. Die kreisförmigen behalten ihre Richtung immer bei; die pendelnden wechseln in entgegengesetzten Richtungen. Bebungen, Zitterungen z. B. einer angeschlagenen Glocke, sind zwar keine fortschreitende Bewegung, verändern ihre Stelle zwar nicht im Ganzen, aber gegeneinander (reziprok).

83. Wie steht es mit Richtung und Geschwindigkeit der Bewegung?

Ein im Kreis bewegter Körper verändert seine Richtung kontinuierlich; dennoch sagt man, er bewege sich in derselben Richtung. Was bedeutet das? Es erinnert an rechts oder links gewundene Schneckengehäuse; an Pflanzen, die sich mit oder gegen die Sonne drehen; an Menschen, deren Eingeweide umgekehrt als bei fast allen liegen. Es ist ein mathematischer Unterschied, der sich eigentlich *nur anschauen*, nicht anders verdeutlichen läßt, weil er gar nicht zu den Dingen selbst, sondern zu unserer räumlichen Auffassung gehört. – Unter Geschwindigkeit versteht man phoronomisch den Quotienten aus Raum in die Zeit: C = S / T. Die Sonne bewegt sich geschwinder als die Erde, aber die Erde dreht sich in kürzerer Zeit, also geschwinder um ihre Achse.

84. Was versteht man unter Ruhe?

Ruhe ist beharrliche (in der Zeit dauernde) Gegenwart am selben Orte.

85. Ruht ein bewegter Körper in jedem Punkt der Linie, die er durchläuft?

Bewegt sich ein Körper mit gleichförmiger Geschwindigkeit zuerst in derselben, dann sofort in entgegengesetzter Richtung, so gibt es einen Augenblick, der beiden Bewegungen gemeinsam ist. Vollzieht sich diese ganze Bewegung in einer Sekunde, jede von beiden in je einer halben, so kann er nirgends beharrt haben. Dennoch heben eigentlich in jenem gemeinsamen Punkt, im Fall Ruhe nur Mangel an Bewegung wäre, entgegengesetzte Bewegungen einander zur Ruhe auf. Werfe ich einen Ball in die Höhe, so gibt es einen Augenblick, in dem die aufsteigende Bewegung aufhört, und die fallende beginnt; – allein hier ist die Geschwindigkeit nicht gleichförmig, sondern *gradweise* beschleunigt, resp. verzögert. An Stelle der Ruhe, der Null der Bewegung hat man hier unendlich kleine Grade der Bewegung. Ruhe, so vorgestellt, bedeutet unendlich kleine, unerfahrbar minimale Bewegung, also faktisch den Zustand einer dauernden Gegenwart am selben Ort, unermeßlich kleine Bewegung, also unendlich kleine Geschwindigkeit in endlicher Zeit. Das läßt sich konstruieren und zur Anwendung der Mathematik auf Naturwissenschaft benutzen.

86. Wie konstruiert man den Begriff einer zusammengesetzten Bewegung?

Man stellt eine Bewegung, zu der sich zwei oder mehrere vereinigen, mathematisch gewiß in der Anschauung dar. Vom Physischen wird hier noch abgesehen.

87. Was bedeutet mathematische Relativität der Bewegung?

Daß es gleich gilt, ob man die Bewegung als solche des Körpers im ruhigen Raum, oder als Ruhe des Körpers, aber als Bewegung des Raums mit gleicher Geschwindigkeit entgegengesetzter Richtung ansehe. Absolute Bewegung würde sich auf absoluten Raum beziehen müssen und insofern unerfahrbar sein. Zur erfahrbaren Bewegung gehört, daß nicht nur der Körper, sondern auch der Raum, darin er sich bewegt, Gegenstand der äußeren materiellen Erfahrung ist. Herauszubekommen, ob ein noch so großer Raum nicht in Ansehung eines noch größeren, ihn einschließenden, bewegt oder nicht sei, ist unmöglich. Der absolute Raum selbst ist keine erfahrbare Wirklichkeit, sondern deren *Bedingung*. – Vorläufig ist hier nur von gradlinigen Bewegungen die Rede, und auch von diesen nur rein phoronomisch, noch nicht mechanisch.

88. Was ist zusammengesetzte Bewegung?

Vorstellung der Bewegung eines Punktes als einerlei in Verbindung mit zweien oder mehreren desselben Punktes. Phoronomisch ist Materie nur ein Punkt, dessen einzige Eigenschaft die Beweglichkeit ist. Er beschreibt mit seiner Bewegung einen Raum so, daß ich auch auf die Zeit, also auf die Geschwindigkeit, womit er den Raum beschreibt, acht habe. Wir stellen hier die einzige Bewegung so vor, daß sie zugleich zwei und mehrere Bewegungen in sich enthält; resp. so, daß zwei Bewegungen desselben Punktes zusammen eine ausmachen. Alle zusammengesetzten Bewegungen lassen sich als Zusammensetzung zweier auffassen. Zwei gleichzeitige Bewegungen desselben Punktes geschehen entweder in derselben Linie oder, indem sie einen Winkel einschließen, in verschiedenen Linien zugleich. Geschehen sie auf derselben Linie, so sind ihre Richtungen identisch oder einander entgegengesetzt.

89. Wieviel Fälle sind zu unterscheiden?

Drei: – 1. Zwei gleich oder ungleich geschwinde Bewegungen in derselben Richtung sollen zusammengesetzt werden; 2. Zwei gleich oder ungleich geschwinde Bewegungen in entgegengesetzter Richtung sollen auf derselben Linie eine dritte bilden; 3. Zwei gleich oder ungleich geschwinde Bewegungen, die einen Winkel einschließen, sollen zusammengesetzt werden.

90. Wie allein läßt sich die Zusammensetzung zweier Bewegungen desselben Punktes denken?

Wir stellen uns die eine im absoluten Raume vor, statt der anderen aber eine, die mit der gleichen Geschwindigkeit in entgegengesetzter Richtung geschieht.

91. Wie beweist man das in obigen drei Fällen?

1. Zwei Bewegungen kommen in derselben Linie und Richtung demselben Punkte zugleich zu: – diese Zusammensetzung zweier Geschwindigkeiten in einer Richtung läßt sich im selben Raum nicht anschaulich vorstellen. Stelle ich aber den Körper mit einer gewissen Geschwindigkeit im absoluten Raum als bewegt vor und gebe dem relativen Raum eine Geschwindigkeit in entgegengesetzter Richtung, so läuft das auf das gleiche hinaus, als ob ich die letztere Geschwindigkeit dem Körper in entgegengesetzter Richtung erteilt hätte, und seine Geschwindigkeit ist als die Summe der zwei gleichen Geschwindigkeiten vorgestellt. –

2. Zwei Bewegungen sollen in gerade entgegengesetzten Richtungen am selben Punkte verbunden werden: – die Geschwindigkeiten als gleich angenommen, gelingt es nicht, sich zwei solche Bewegungen desselben Punktes im selben Raum als zugleich vorzustellen. Versetzen wir aber die eine in den absoluten Raum und fingieren statt der anderen im selben absoluten Raum mit derselben Geschwindigkeit die entgegengesetzte des relativen Raums, so gelingt die Vorstellung: – ein Körper, der nach zwei einander entgegengesetzten Richtungen mit gleicher Geschwindigkeit bewegt wird, ruht; seine Bewegung ist der Differenz der Geschwindigkeiten in der Richtung der größeren gleich. – 3. Sind die Richtungen zweier Bewegungen in einen Winkel eingeschlossen, so können sie ja nicht auf den beiden Schenkeln des Winkels zugleich geschehen, sondern nur in Linien, die diesen parallel laufen. Die Zusammensetzung beider Bewegungen in einer dritten, in der sie enthalten sind, geschieht so, daß man annimmt, die eine vollziehe sich im

absoluten Raum, die andere aber in entgegengesetzter Richtung im relativen. Das läßt sich mathematisch konstruieren. Es resultiert eine Diagonallinie, in der die Richtung und Geschwindigkeit der zusammengesetzten Bewegung sich ausdrückt. Diese Diagonale ist nicht etwa mechanisch, sondern rein phoronomisch zu verstehen; in ihr kongruieren jene beiden Bewegungen als einerlei. Hierzu braucht's keine mechanische Herleitung, sondern nur Darstellung in der reinen Anschauung a priori.

92. Worin besteht die Geschwindigkeit?

In Graden ihrer Steiger-, resp. Verminderbarkeit. Sie wird nicht, wie der Raum, extensiv, sondern intensiv gemessen. Die mathematische Konstruktion macht nur anschaulich, was das Objekt als *Quantum* sei, und ist unterschieden von der mechanischen vermittelst Werkzeuge und Kräfte.

93. Was demnach ist der einzige Inhalt der Phoronomie?

Der Lehrsatz von der Zusammensetzung gradliniger Bewegungen. Logisch erschöpfend war hier zu bedenken: – 1. *Einheit* der Linie und Richtung; 2. *Vielheit* der Richtungen in derselben Linie; 3. *Allheit* der Richtungen und Linien.

Dynamik

94. Was ist Materie in dynamischer Hinsicht?

Das Bewegliche, das einen *Raum erfüllt.*

95. Was bedeutet: einen Raum erfüllen?

Daß Materie allem Beweglichen, das in einen gewissen Raum eindringen will, *widersteht.* Ein unerfüllter Raum ist leer.

96. Was also kommt hier zur rein phoronomischen Materie hinzu?

Das Widerstandsvermögen: – eine Eigenschaft, die sich als Ursache auf eine Wirkung bezieht.

97. Was heißt: widerstehen?

Dieser dynamische Widerstand ist noch kein mechanischer, der darin besteht, daß die Materie aus ihrem Orte getrieben, also selbst bewegt wird. Sondern sie widersteht hier nur der Verringerung ihrer eigenen Ausdehnung. Einen Raum einnehmen kann auch eine immaterielle mathematische Figur. Einen Raum erfüllen kann nur Materie.

98. Wodurch erfüllt Materie Raum?

Nicht schon durch ihre bloße Existenz, sondern durch eine besondere bewegende *Kraft*.

99. Weshalb?

Der Widerstand, den Materie der Materie leistet, ist Ursache der Bewegung der letzteren in entgegengesetzter Richtung, also nicht nur Existenz, sondern eine bewegende Kraft.

100. Wie heißt die Ursache der Annäherung von Materie an Materie, resp. die Ursache, wodurch Materie der Entfernung von Materie widersteht?

Ziehende Kraft, Anziehungskraft.

101. Wie heißt die Ursache der Entfernung einer Materie von Materie?

Treibende Kraft, Zurückstoßungskraft.

102. Gibt es noch mehr bewegende Kräfte der Materie?

Nein. Jede gradlinige Bewegung zwischen zwei materiellen Punkten ist entweder entfernend oder annähernd, also zurückstoßend oder anziehend.

103. Wodurch erfüllt Materie Raum?

Durch Ausdehnung, also repulsive Kraft. Ihre Ausdehnungskraft ist bis ins Unendliche steiger-, resp. verminderbar. Materie ist also ursprünglich elastisch. Folglich hat Materie auch eine zusammendrükkende Kraft.

104. Was wäre Durchdringung von Materie durch Materie?

Völlige Aufhebung des Raums ihrer Ausdehnung durch Zusammendrückung.

105. Ist solche Durchdringung möglich?

Nein. Materie ist bis ins Unendliche zusammendrück-, nie aber durchdringbar. Sie ist also nicht absolut, sondern nur relativ undurchdringlich. Bei absoluter Undurchdringlichkeit würde sie ihren Raum nur mathematisch erfüllen; sie erfüllt ihn aber dynamisch. Bei nur mathematischer Erfüllung bedarf man, um die Zusammendrückbarkeit zu ermöglichen, leerer Räume. Aber die relative Undurchdringlichkeit der Materie beruht auf einem physischen Grunde: – Materie wird durch ihre eigene ausdehnende Kraft erst selbst ermöglicht. Ihre absolute Undurchdringlichkeit wäre unverständlich, ihr Widerstand nicht erklärbar.

106. Was ist materielle Substanz?

Das im Raum, was für sich beweglich ist. Man kann Materie trennen, physisch teilen. Der Raum als solcher enthält nur die notwendigen Bedingungen der äußeren Relationen möglicher Gegenstände äußerer Sinne.

107. Hat die Teilbarkeit der Materie eine Grenze?

Nein. Sie ist bis ins Unendliche teilbar, und jeder Teil ist wieder Materie. Jeder Teil eines durch Materie erfüllten Raums ist für sich selbst beweglich, folglich von den übrigen durch physische Teilung trennbar. Diese erstreckt sich so weit wie die mathematische, folglich unendlich weit. In einem erfüllten Raum ist kein Punkt, der nicht dynamisch, d. h. expansiv und attraktiv wirkte; anders kann Materie keinen Raum erfüllen. Bei solchem ins Unendliche Teilbaren hebt die Teilung das Kontinuum nicht auf, obgleich die mathematische Konstruktion hier die Idee einer unendlich kleinen Entfernung fingiert. Die Teilung geht zwar ins Unendliche, ist aber niemals als unendlich *gegeben*, sondern nur *gedacht*.

108. Warum ist Anziehungskraft (wie Abstoßung) eine wesentliche Grundkraft der Materie?

Materie ist wesentlich undurchdringlich, also nichts als Ausdehnungsvermögen. Sie würde sich folglich, wenn ihr keine Kraft entgegenwirkte, ins Unendliche zerstreuen. Ohne zusammendrückende Kräfte würden die ausdehnenden unmöglich sein. Also muß Materie auch fähig sein, ihrer eigenen Ausdehnung ins Nichts entgegenzuwirken, also auch anziehen.

109. Warum aber erscheint uns Materie nur widerstrebend undurchdringlich, nicht aber auch ebensosehr anziehend zu sein?

Solidität allein scheint uns die Grundeigenschaft der Materie. Stoß und Druck scheint uns zu genügen, um alle ihre bewegenden Kräfte zu erklären. Ihre Anziehungskraft will uns schwer in den Kopf, weil sie nicht so drastisch anschaulich wirkt wie das Getast, und weil sie zwar Richtung, aber nicht Gestalt erkennen läßt. Auch würde Anziehungskraft allein alle Materie in einen Punkt, also ins Nichts zu komprimieren suchen; das wird durch die Repulsion verhindert. Ohne diese beiden Kräfte kann Materie nicht bestehen.

110. Wirkt Materie auf Materie nur durch Berührung? Oder gibt es auch Wirkung in die Ferne durch den leeren Raum?

Die mathematische Berührung als gemeinschaftliche Grenze zweier Räume wird bei der physischen wohl zugrunde gelegt, macht aber die physische noch nicht aus. Bei der physischen Berührung gibt es Wirkung und Gegenwirkung der Undurchdringlichkeit: – sie ist Wechselwirkung der repulsiven Kräfte in der gemeinschaftlichen Grenze zweier Materien. Hingegen die aller Materie wesentliche Anziehung ist unmittelbare Wirkung in die Ferne, durch den leeren Raum, auf andere Materie. Physische Berührung ist ohne diese

Anziehungskraft unmöglich. Folglich geht diese jener – unabhängig von der wirklichen Berührung auch von der Erfüllung des Zwischenraums – wesentlich vorher.

111. Ist daher Anziehungskraft unbegreiflicher als zurückstoßende Solidität?

Keineswegs! Nur unsinnenfälliger, undrastischer, unanschaulich, nur erschließbar. Sie erregt den Anschein, als ob sie, wie Kant es ausdrückt, „nur ein verstecktes Spiel der bewegenden Kräfte durch Zurückstoßung wäre". Das ist Schein. In Wahrheit ist sie, als notwendiges Widerspiel der Zurückstoßung, so ursprünglich wie diese. Sie erst, wie gesagt, ermöglicht alle Berührung durch Wirkung in die Ferne.

112. Warum scheint uns diese Wirkung in die Ferne unmöglich?

Wir wähnen, daß eine Materie dort, wo sie nicht ist, auch nicht wirken könne. In Wahrheit kann ein Ding im Raume auf ein anderes nur an einem Orte wirken, wo das Wirkende nicht ist. Jedes Wirkende ist außerhalb des Gewirkten. Jeder Punkt der Berührung ist ein Ort, worin weder das Wirkende noch das Bewirkte ist; Grenze. Leugne ich alle Wirkung in die Ferne, so behaupte ich grundlos, daß Materie nur durch Zurückstoßung wirken könne; so leugne ich die ursprüngliche Anziehungskraft oder mache sie von der zurückstoßenden doch abhängig. Aber man muß die rein mathematische Berührung von der physischen unterscheiden! Ohne Zurückstoßung keine Annäherung, und ohne Anziehung auch keine Entfernung; – diese Gegenkräfte bedingen einander.

113. Woraus entspringt Bewegung?

Durch die Berührung allein kann sie nicht entspringen. Ohne unmittelbare Anziehung in die Ferne wäre die Annäherung, da es sonst nur Zurückstoßung gäbe, unerklärlich. Was sollte, wenn es keine Anziehung gäbe, drücken und stoßen? Ohne wahre Anziehung wäre sogar die scheinbare durch Druck und Stoß unmöglich. Das rein mechanische Gesetz der Bewegungen setzt Dynamik voraus. Auch Newton verfuhr nicht nur mathematisch, sondern auch dynamisch:

er bewies nicht nur mechanische Annäherung, sondern eine wahre Anziehungskraft.

114. Was versteht man unter Flächenkraft?

Eine bewegende Kraft, wodurch Materien nur in der gemeinsamen Fläche der Berührung unmittelbar aufeinander wirken können.

115. Was unter durchdringender?

Eine bewegende Kraft, wodurch Materie auf Materie auch über die Berührungsfläche hinaus unmittelbar wirken kann. Zurückstoßungskraft ist bloße Flächenkraft. Anziehungskraft hingegen ist durchdringend: – vermöge ihrer wirkt Materie durch den leeren Raum auf Materie, und dazwischen liegende Materie setzt dieser Wirkung keine Grenzen. Sie erstreckt sich im Weltraum von jedem Teil unmittelbar auf jeden anderen bis ins Unendliche.

116. Wie bestimmt man das mathematische Gesetz dieser gegeneinander wirkenden dynamischen Gewalten?

Anziehungskraft wirkt in Proportion mit der Quantität der Materie. Entgegen wirkt ihr dabei die zurücktreibende Kraft. Aus beider Verbindung ergibt sich die Möglichkeit eines im bestimmten Grade erfüllten Raums. Zur mathematischen Konstruktion bedarf man eines Gesetzes des Verhältnisses beider Kräfte in verschiedenen Entfernungen der Materie und ihrer Teile voneinander, wobei die Größe des Raums und der Richtungsunterschied beider Kräfte in Betracht kommt; eine rein mathematische Aufgabe.

117. Wie nennt man die Wirkung der allgemeinen Anziehung?

Gravitation.

118. Wie heißt das Streben der Materie, sich in der Richtung der größeren Gravitation zu bewegen?

Schwere.

119. Wie nennt man die Wirkung der repulsiven Kraft der Materie?

Ihre ursprüngliche Elastizität. – Elastizität und Schwere kennzeichnen die Materie ursprünglich. Auf beiden beruht die Möglichkeit der Materie; abgesehen von ihrem Zusammenhang durch Berührung, der nicht mehr Sache der reinen, sondern der bereits physikalisch angewendeten Naturwissenschaft ist.

120. Welches ist das allgemeine Gesetz der Dynamik?

Die Wirkung der bewegenden Kraft, die von einem Punkte auf jeden anderen außer ihm ausgeübt wird, verhält sich umgekehrt als der Raum, in dem dasselbe Quantum der bewegenden Kraft sich hat ausbreiten müssen, um auf diesen Punkt unmittelbar in der bestimmten Entfernung zu wirken.

121. Ist das der vollständige Begriff einer reinen naturwissenschaftlichen Dynamik?

Erschöpfend vollständig: – 1. betrachteten wir das Reale, Solide im Raum; 2. gleichsam das Negativ dieser Erfüllung, die Aufhebung alles Soliden durch Anziehungskraft; 3. die wechselseitige Einschränkung beider Kräfte, d. h. den Grad der Erfüllung des Raums. Dies ist die vollständige Charakteristik der Qualität aller Materie. Zum Grad der Erfüllung bedarf es keiner leeren Zwischenräume. Alle Räume können voll und doch in verschiedenem Maß erfüllt gedacht werden.

122. Ist damit auch die Besonderheit der Materie erklärt?

Nein, nur ihr allgemeiner Begriff durch Zurückführung auf lauter bewegende Kräfte. Auch die Möglichkeit der beiden Grundkräfte ist unerklärbar. Sie selber erklären den Begriff der Erfüllung des Raums. Diese dynamische Physik stößt bei der mathematischen Konstruktion auf Schwierigkeiten. Aber eine rein mathematische Physik, wie sie heut im Schwange geht, muß alle der Materie *eigenen* Kräfte aufgeben und obendrein mit dem hohlen Begriff des Leeren und Vollen operieren.

123. Worauf kommt es bei logischer Bestimmung der spezifischen Verschiedenheit der Materie an?

Erklären müssen wir: 1. Was ist ein Körper? 2. Was ist Zusammenhang? 3. Was ist Elastizität? 4. Was ist mechanisch, was chemisch? Also:

124. 1) Was versteht man unter einem Körper?

Ein physischer Körper ist Materie als Figur, also in bestimmten Grenzen. Die Größe des Raums zwischen diesen Grenzen heißt Volumen. Der Grad der Erfüllung die Dichtigkeit. Rein mathematisch beruht diese Dichtigkeit auf einem Verhältnis von leerem zu vollem Raum; aber dynamisch gibt es, ohne alle leeren Zwischenräume nur Grade der Dichtigkeit. Also kann eigentlich zwischen ungleichartigen Materien keine Vergleichung ihrer Dichtigkeit angestellt werden.

125. 2) Was ist Zusammenhang?

Als Berührung gedachte Anziehung. Diese Art Anziehung ist aber nicht die ursprüngliche, sondern abgeleitet. Nach deren Graden unterscheidet man, je nach dem Grade der Reibung, des Widerstandes gegen die Verschiebung der Teilchen (der z. B. beim Flüssigen gleich null ist), Aggregatzustände des Starren, Flüssigen, Strahlenden usw.

126. 3) Was ist Elastizität?

Das Vermögen einer Materie, ihre durch eine andere bewegende Kraft veränderte Größe oder Gestalt bei Nachlassung wieder anzunehmen. Man unterscheidet expansive von attraktiver Elastizität. Expansive sträubt sich gegen Zusammendrückung, attraktive gegen Ausdehnung. Attraktive Elastizität stellt ihre Figur immer wieder her; sie ist nicht ursprünglich. Expansive kann abgeleitet, aber auch ursprünglich sein.

127. 4) Was ist mechanisch, was ist chemisch?

Die Wirkung bewegter Körper aufeinander durch Mitteilung ihrer Bewegung heißt mechanisch; die der Materien aber, sofern sie auch in Ruhe, durch eigene Kräfte, wechselseitig die Verbindung ihrer Teile verändern, chemisch. Man unterscheidet chemische Auflösung von der mechanischen: – ein Keil z. B. löst nur mechanisch auf. Chemische Scheidung bewirkt wieder die Sonderung der aufgelösten, miteinander verschmolzenen Materien. Die absolute mechanische Durchdringung ist unmöglich, weil sie die Ausdehnung eines Körpers aufheben würde, die chemische aber hebt nicht die Ausdehnung, nur die Trennung verschiedener Materien auf. Völlige chemische Durchdringung kann, aber muß nicht das Volumen der aufgelösten Materien in ihrer Summe ändern. – „Alles", sagt Kant, „was uns dem Bedürfnis überhebt, zu leeren Räumen unsere Zuflucht zu nehmen, ist wirklicher Gewinn für die Naturwissenschaft." Absolut Leeres und absolut Dichtes sind nach Kant „ein Schlagbaum" für die forschende Vernunft, um entweder zu dichten oder die Vernunft „auf dem Polster dunkler Qualitäten" zur Ruhe zu bringen.

128. Wie erklärt sich demnach die spezielle Verschiedenheit der Materien?

Ein Körper, dessen bewegende Kraft von seiner Figur abhängt, heißt Maschine. Die mechanische Naturphilosophie, die mit Leerem, Vollem, Atomen und ihren Zwischenräumen arbeitet, erklärt die spezifische Verschiedenheit durch die Zusammensetzung ihrer Atome als Maschinchen. Die dynamische Naturphilosophie aber achtet auf die Verbindung der ursprünglichen Kräfte der Anziehung und Zurückstoßung. Diese dynamische Erklärungsart ist der Experimentalphilosophie weit angemessener und vorteilhafter.

129. Wodurch wird die mechanische Erklärungsart am triftigsten widerlegt?

Der mechanistische Satz, daß es unmöglich sei, sich einen spezifischen Unterschied der Dichtigkeit der Materien ohne Beimischung leerer Räume zu denken, wird dynamisch aufgehoben: – denn die Materie erfüllt nicht, wie die mechanistischen Atomistiker annehmen, kraft absoluter Undurchdringlichkeit ihren Raum, sondern durch repulsive Kraft, deren *Grad*, bei gleicher Anziehungskraft, verschieden sein kann. Danach läßt sich eine Materie denken, die ihren Raum unter gleichem Volumen und dennoch mit unvergleichlich geringer Quantität als alle Körper, mit denen wir experimentieren können, also mit einem Minimum an Anziehungskraft ohne alles Leere völlig erfüllt. Das läßt sich durchaus ohne Annahme leeren Raums dynamisch denken. Man soll demnach die Eigenschaften der Materie nicht mechanisch ansehen, sondern Mathematik auf Naturwissenschaft nach dynamischer Betrachtungsart anwenden.

130. Gibt es also in der Welt keinen leeren Raum?

Zu allen Kräften der Materie wird Raum erfordert und auch notwendig vor aller Materie vorausgesetzt. Aber Materie kann durch Anziehung einen Raum einnehmen, ohne ihn zu erfüllen, d. h. durch Zurückstoßungskraft zu wirken. Ob aber dieser unerfüllte Raum auch wirklich leer sei, herauszubringen, ist gar keine Sache möglicher Erfahrung. Erfahrung gibt uns immer nur lauter komparativ leere Räume zu erkennen: – in diesen kann sich Materie ausspannen, ohne daß man, zur Erklärung, leerer Räume bedarf.

Mechanik

131. Was ist Materie in mechanischer Hinsicht?

Das Bewegliche, sofern es, als ein solches, bewegliche Kraft hat. In dynamischer Hinsicht konnte die Materie auch ruhen. Zurückstoßung und Anziehung erteilen zwar Bewegung, teilen sie aber noch nicht eigentlich mit, wie dies eine Materie der andern mechanisch tut. Mitteilbarkeit der Bewegung setzt jene ursprünglich bewegenden Kräfte voraus, alle mechanischen Gesetze die dynamischen.

132. Was ist Quantität der Materie?

Die Menge des Beweglichen in einem bestimmten Raum.

133. Was ist Masse?

Sind alle Teile der Quantität zugleich wirksam, d. h. bewegend, so ist das ihre Masse. Eine Materie wirkt in Masse, wenn alle Teile, in einerlei Richtung bewegt, *zugleich* ihre bewegende Kraft außer sich ausüben.

134. Was ist ein mechanischer Körper?

Eine Masse von bestimmter Gestalt.

135. Was versteht man unter Größe der Bewegung?

Eine Größe, die durch die Quantität der bewegten Materie und ihre Geschwindigkeit zugleich wird (phoronomisch besteht sie nur im Grad der Geschwindigkeit).

136. Wodurch wird die Quantität der Materie in Vergleichung mit jeder anderen geschätzt?

Nur durch die Quantität der Bewegung bei gegebener Geschwindigkeit.

137. Wieso?

Solange man von der eigenen Bewegung einer Materie abstrahiert, kann sie weder unmittelbar noch mittelbar in Vergleichung mit jeder anderen gültig geschätzt werden. Es gibt kein anderes allgemein gültiges Maß für sie als die Quantität ihrer Bewegung. Der Unterschied der Bewegung aber, der auf der verschiedenen Quantität der Materien beruht, kann nur dann gegeben werden, wenn die Geschwindigkeit unter den verglichenen Materien als gleich angenommen wird. – Die Quantität des Beweglichen im Raum ist die Quantität der Materie; aber diese Menge des Beweglichen beweist sich in der Erfahrung nur allein durch die Quantität der Bewegung bei gleicher Geschwindigkeit (z. B. durchs Gleichgewicht).

138. Welches ist das erste Gesetz der Mechanik?

Bei allen Veränderungen der körperlichen Natur bleibt die Quantität der Materie im Ganzen dieselbe, unvermehrt und unvermindert. Bei allem Wechsel der Materie vergeht weder Substanz noch entsteht neue. Dieses Gesetz bezieht sich nur auf Körper, nicht auf Innerliches, Denkendes, nicht aufs Bewußtsein: – dieses hat Grade, kann ab- und zunehmen, kann allmählich erlöschen. Das Ich ist nicht wie Materie der Begriff des Beweglichen im *Raum*, sondern nur gedankliches Subjekt, ein Ding von unbestimmter Bedeutung. Seine Beharrlichkeit ist unbeweisbar; es ist nicht wie Materie äußere, sondern nur innere Wahrnehmung.

139. Welches ist das zweite Gesetz der Mechanik?

Alle Veränderung der Materie hat eine äußere Ursache: – jeder Körper beharrt in Ruhe oder Bewegung, in derselben Richtung, mit derselben Geschwindigkeit, wenn er nicht durch eine äußere Ursache genötigt wird, diesen Zustand zu verlassen. Jede Veränderung hat eine Ursache. Materie bestimmt sich nur durch äußere Verhältnisse im Raum und erleidet also nur durch Bewegung Veränderungen. Die Ursache dieser Veränderung ist folglich nicht innerlich, sondern äußerlich.

140. Wie nennt man dieses Gesetz?

Gesetz der Trägheit. Materie an sich ist leblos.

141. Denn was ist Leben?

Leben ist das Vermögen einer Substanz, sich aus einem *inneren* Prinzip zum Handeln zu bestimmen. Die einzige innere Tätigkeit, die wir kennen, ist das Denken; das einzige innere Prinzip der Veränderung die Begierde und das Gefühl der Lust und Unlust, der *Wille*. Materie als Materie kennt dergleichen nicht; sie ist leblos träg und kann nur von außen her verändert, bewegt, zur Ruhe gebracht werden. Eigentliche Naturwissenschaft beruht ganz und gar auf dem Gesetz von der Beharrlichkeit der Substanz und dem der Trägheit. Diese Trägheit ist kein positiv lebendiges Bestreben, sondern leblos. Verwirrt man diese Leblosigkeit mit innerem Leben, so bedeutet das den Tod aller Naturphilosophie.

142. Welches ist das dritte mechanische Gesetz?

In aller Mitteilung der Bewegung sind Wirkung und Gegenwirkung einander jederzeit gleich: – alle äußere Wirkung in der Welt ist Wechselwirkung. Diese Wechselwirkung ist zugleich mechanische Gegenwirkung. Kein bewegter Körper kann einem absolut ruhigen seine Bewegung mitteilen, sondern dieser ruht nur relativ in Ansehung des Raums, auf den man ihn bezieht, und muß mitsamt diesem Raum als in entgegengesetzter Richtung mit derselben Quantität der Bewegung im absoluten Raum bewegt vorgestellt werden. Jeder Stoß kann nur vermittelst eines gleichen Gegenstoßes, jeder Druck nur durch einen gleichen Gegenzug mitgeteilt werden. Rein phoronomisch wird Bewegung nicht wie hier in der Mechanik kausal mitgeteilt, sondern betrifft bloße Veränderung des Verhältnisses des Bewegten (das als Punkt gedacht wird) zum Raum. Keine Bewegung, die in Ansehung eines anderen Körpers bewegend sein soll, kann absolut sein. Jede mitgeteilte Bewegung ist wesentlich wechselseitig und gleich.

143. Gibt es eine positive materielle Trägheitskraft?

Nein. Einem bewegten Körper kann nichts widerstehen als entgegengesetzte Bewegung eines andern, aber nicht dessen Ruhe. In mechanischer Hinsicht ist Materie Substanz und wirkt kausal und wechselseitig.

144. Ist dieser Mechanismus ohne zugrunde liegende Dynamik der Materie möglich?

Nein. Wären aller Materie nicht schon in ihrer Ruhe Undurchdringlichkeit und Anziehung wesentlich, so könnte materielle Bewegung sich nicht mitteilen.

145. Was ist bei der Beschleunigung der Geschwindigkeit einer Bewegung zu beachten?

Das Moment der Beschleunigung muß nur eine unendlich kleine Geschwindigkeit enthalten, weil sonst der Körper in gegebener Zeit unendliche Geschwindigkeit erlangen würde. Auch die Möglichkeit der Beschleunigung beruht auf dem Gesetz der Trägheit. Expansion wirkt auf Materie nur mit endlicher Geschwindigkeit, Attraktion mit unendlich kleiner. Den Zusammenhang durch Anziehung darf man sich nicht als Flächenkraft denken, er ist keine bloße Zusammendrückung von außen her, sondern durchdringend. Nach dem mechanischen Gesetz der Stetigkeit wird der Zustand der Ruhe oder

der der Bewegung, werden Geschwindigkeit und Richtung nicht stoßweise in einem Augenblick, sondern nur allmählich durch Grade verändert, deren Unterschied voneinander kleiner ist als der des ersten vom letzten. Dieses mechanische Gesetz der Stetigkeit folgt aus dem der Trägheit.

Phänomenologie

146. Was ist Materie in phänomenologischer Bedeutung?

Das Bewegliche, sofern es als solches Gegenstand der *Erfahrung* sein kann. Bewegung ist nur als Sinneserscheinung gegeben. Soll sie nicht nur subjektiv (wie bei Albert Einstein: „Vom Standpunkte des Beobachters aus") wahrnehmbar, sondern objektiv erfahrbar werden, so müssen wir die Sinneswahrnehmung verstandesmäßig kritisch bearbeiten, damit unser Urteil objektiv gilt. Das Bewegliche wird Gegenstand der Erfahrung, wenn die Materie in Ansehung des Prädikates der Bewegung als bestimmt gedacht wird. Bewegung ist Veränderung der Relation im Raum, folglich ist es insofern fraglich, was sich hier verändere oder bewege. In der Erscheinung sind drei Fälle zwischen den Korrelaten der Bewegung möglich: – 1. entweder eins oder das andre bewegt sich; 2. nur eins wird als bewegt gedacht; 3. beide müssen als bewegt vorgestellt werden. Soll aus diesen zu denkenden Eventualitäten wirkliche Erfahrung werden, so muß das Bewegliche als solches bestimmt sein.

147. Sucht man also hier einen Schein zu durchschauen?

Nein. Sondern aus Erscheinung, die kein Schein ist, soll Erfahrung werden.

148. Wie unterscheidet sich Schein von Erscheinung?

Beim Schein ist der Verstand in Gefahr, Subjektives für objektiv zu halten. In der Erscheinung ist aber *gar kein* Urteil des Verstandes anzutreffen. – Um Erfahrung zustande zu bringen, werden wir untersuchen müssen, inwiefern Bewegungen möglich (unmöglich), wirklich (unwirklich), notwendig (zufällig) sind.

149. Welches Prädikat der Bewegung von Materie ist nur ein mögliches (resp. unmögliches)?

Die gradlinige Bewegung einer Materie in Ansehung eines empirischen Raums. Dasselbe Prädikat, als absolute Bewegung gedacht, ist unmöglich: – in der Erfahrung, d. h. in einer Erkenntnis, die das Objekt für alle Erscheinungen gültig bestimmt, ist kein Unterschied zwischen der Bewegung des Körpers im relativen Raum oder der Ruhe des Körpers im absoluten und der entgegengesetzten gleichen Bewegung des relativen Raums. Was aber in Ansehung zweier einander entgegengesetzter Prädikate an sich unbestimmt ist, ist insofern bloß *möglich*. Der reine, absolute Raum ist überhaupt kein Gegenstand der Erfahrung (aber deren ermöglichende Bedingung!), also ist gradlinige Bewegung, ohne Beziehung auf einen relativen Raum, als etwas Empirisches unmöglich. Möglichkeit und Unmöglichkeit sind hier rein phoronomisch.

150. Welches Prädikat der Bewegung einer Materie ist ein wirkliches?

Die Kreisbewegung ist, zum Unterschiede von der entgegengesetzten Bewegung des Raums, ein wirkliches Prädikat. Hingegen ist die entgegengesetzte Bewegung eines relativen Raums, statt der Bewegung des Körpers genommen, keine wirkliche Bewegung des letzteren, sondern ein bloßer Schein. Kreisbewegung eines Körpers beweist dessen eigene bewegende Kraft, ohne die er ja, nach dem Gesetz der Trägheit, in der Tangente fliehen müßte. Die Bewegung des Raums ist aber lediglich phoronomisch ohne bewegende Kraft, also aller möglichen Erfahrung widerstreitend und, falls sie Erscheinung wird, bloßer Schein (die Herren Kopernikus-Widerleger mögen sich das reiflich überlegen).

151. Welches Prädikat der Bewegung einer Materie ist ein notwendiges (resp. zufälliges)?

In jeder Bewegung eines Körpers, wodurch er in Ansehung eines anderen bewegend ist, ist eine entgegengesetzte gleiche Bewegung des letzteren notwendig. Bewegung ist mittelbar nur durch die Gemeinschaft ihrer bewegenden Kräfte, und diese nur durch beiderseitige entgegengesetzte und gleiche Bewegung möglich. Die Bewegung beider ist also wirklich. Da diese Wirklichkeit aber hier aus dem Begriff der Relation des Bewegten im Raum zu jedem andern dadurch Beweglichen unvermeidlich folgt, so ist die Bewegung des letzteren notwendig.

152. Welcher Begriff muß aller physikalischen Erfahrung zugrunde gelegt werden?

Der Begriff des absoluten Raums.

153. Wie kommen wir zu diesem Begriff, und worauf beruht die Notwendigkeit seines Gebrauchs?

Der absolute Raum ist kein Gegenstand der Erfahrung, sondern *eine Idee*, d. h. ein unentbehrlich notwendiger Vernunftbegriff. Die Bedingung, etwas als ruhig oder bewegt anzusehen, ist im relativen Raum ins Unendliche immer wiederum bedingt. Alle Bewegung oder Ruhe kann daher niemals absolut sein, d. h. Materie kann immer nur im Verhältnis zu Materie als bewegt oder ruhig gedacht werden. Bewegung, die ohne Beziehung von Materie auf Materie gedacht wird, ist unmöglich. Folglich ist kein für alle Erscheinung gültiger Begriff von Bewegung oder Ruhe im relativen Raume möglich. Aber gerade, um sich alle Bewegung als nur relativ zu denken, *braucht* man daher einen absoluten Raum, auf den alle relativen Bewegungen bezogen werden können. Er ist kein wirkliches Objekt, sondern eine Idee, die notwendig ist und zur Regel dient, alle Bewegung und Ruhe zu relativisieren. Soll die Erscheinung aller Bewegung und Ruhe in einen alle Erscheinungen vereinigenden bestimmten Erfahrungsbegriff verwandelt werden, so *muß* sie auf den absoluten Raum reduziert werden. Rein phoronomisch ist es gleichgültig, ob ich einen Körper sich bewegen und den Raum ruhen, oder es umgekehrt gelten lasse. Aber dynamisch kann ich an Stelle der Umdrehung eines Körpers *nicht* die entgegengesetzte Bewegung des Raums annehmen. Gar mechanisch muß ich immer sowohl dem bewegenden als dem bewegten Körper Bewegung beilegen.

154. Ist etwa die Kreisbewegung absolut?

Sie kann auch ohne alle Beziehung auf den äußeren empirisch gegebenen Raum als wirkliche Bewegung gegeben werden. Relative Bewegung in Ansehung des äußeren Raums – z. B. Achsendrehung der Erde relativ auf den Sternenhimmel – ist Erscheinung, an deren Stelle die entgegengesetzte Bewegung des Himmels in derselben Zeit als jener völlig gleich geltend gesetzt werden kann. Aber in der *Erfahrung* soll die Achsendrehung der Erde nicht als äußerlich relativ vorgestellt werden. Sie ist *wirkliche* Bewegung, die nicht als solche *erscheint.* Sie ist nicht absolut im Gegensatz zur relativen, sondern *wahr* im Gegensatz zum Schein. Sie ist eine durch Erfahrung erweisliche, kontinuierliche dynamische Veränderung des Verhältnisses der Materie in ihrem Raum, aber kein Schein. Man kann die Wirklichkeit dieser Bewegung *experimentell* beweisen (fallender Stein). Während die Veränderung des Verhältnisses zum Sternenhimmel allein nie Erfahrung werden würde, sondern doppeldeutig bliebe.

155. Ist es absolute Bewegung, wenn wir uns einen Körper im leeren Raum in Ansehung eines andern als bewegt denken?

Nein. Die Bewegung beider ist relativ: – nicht relativ auf den sie umgebenden Raum, sondern nur auf den zwischen ihnen, als den absoluten, betrachtet, der ihr äußeres Verhältnis untereinander allein bestimmt. Auch ohne Rücksicht auf den empirischen Raum führt die bloße dynamische Möglichkeit des Einflusses, etwa der Schwere oder eines gespannten Fadens, als Eigenschaft der Materie (Zurückstoßung oder Anziehung) bei der Bewegung der einen Körper die gleiche und entgegengesetzte Bewegung der andern zugleich mit sich, aus bloßen Begriffen einer relativen Bewegung, wenn sie im absoluten Raum betrachtet wird; Gesetz einer schlechterdings notwendigen Gegenbewegung.

156. Was also versteht man unter absoluter Bewegung?

Nur diejenige, die einem Körper ohne ein Verhältnis auf irgendeine andere Materie zukäme, z. B. die gradlinige Bewegung des materiellen Weltganzen, also eine Unmöglichkeit, Unerfahrbarkeit. Allenfalls kann man sich die gesamte Materie als um ihre Achse gedreht vorstellen … aber wozu?

157. Welches Gesetz ist folglich unumstößlich richtig?

Das des Antagonismus durch Bewegung, in aller Gemeinschaft der Materie.

158. Ist der absolute Raum in phoronomischer Hinsicht leer?

Eigentlich nicht: – er ist gar kein Raum, sondern nur die Idee von einem Raume, in dem ich von aller besonderen Materie abstrahiere, um in ihm den materiellen Raum noch als beweglich und dadurch die Bewegung nicht bloß einseitig als absolutes, sondern jederzeit wechselseitig als bloß relatives Prädikat zu denken. *Eigentlich* also existiert kein leerer Raum.

159. Gibt es in dynamischer Hinsicht leeren Raum?

Das ist weder beweis-, noch widerlegbar, also unentscheidbar. Vielleicht ist die Anziehung, die den Zusammenhang der Materie erklären soll, nur scheinbar und in Wahrheit eine Zusammendrückung durch den Weltäther. Aber auch dann wäre der dynamisch leere Raum *nur denk-*, nicht realmöglich.

160. Gibt es in mechanischer Hinsicht leeren Raum?

Es ist unnütz, ihn hier anzunehmen: – es genügt, den Widerstand, den der erfüllte Raum der Bewegung in ihm leistet, als unendlich klein anzunehmen. Unsere Vernunft kann weder beim Bedingten stehen bleiben noch das Unbedingte begreifen.

161. Was bleibt ihr also übrig?

Von den Gegenständen *auf sich selbst* zurückzukehren: – anstatt der letzten Grenze der Dinge erforscht und bestimmt sie dann die letzte Grenze ihres eigenen, sich selbst überlassenen Vermögens.

III

162. Ist der Raum wirklich?

So wirklich wie die Körper, die er enthält.

163. Was ist die Sinnesempfindung?

Eine unterscheidbare Variante der (von ihr) reinen Sinnlichkeit (Zeiträumlichkeit).

164. Ist die Raumvorstellung von der Körperwelt abgeleitet?

Nein. Im Gegenteil können wir ohne Raum keinen Körper vorstellen. Ohne den durchsichtigen Raum z. B. zwischen Auge und optischem Gebild wäre die gesamte Astronomie unmöglich.

165. In welchen Relationen steht die Sinnesempfindung?

1. in psychologischer als Gegenstand des Ich; 2. in physiologischer als zum Leibe gehörig; 3. in physikalischer als z. B. durch Lichtwellen ausgelöst.

166. Wie erklärt sich, weswegen die Empfindungsgebilde außerhalb des Gehirns, ja die optischen sogar außerhalb des Leibes auftreten?

Die optische Oberfläche ist mit der taktilen nicht identisch, sondern ihr wie eine Kulisse vorgelagert. Man sieht niemals einen Körper, nur dessen optisches Gebilde. Das optische Gebilde der Sonne ist ja nicht etwa mit dem Sonnenkörper identisch. Hält man die Haut für die Grenze des Leibes, so ist die Exzentrizität aller Sinnesempfindungen unerklärlich. Folglich muß man annehmen, daß der anatomische Leib (Gehirn) sich organ*ätherisch* fortsetzt. Wirkt ein Reiz aufs Gehirn, so reagiert dieses organätherisch, und zwar mechanisch-physikalisch: – hier haben wir den Übergang von der Physiologie zur Physik.

167. Wievielerlei Arten von Vorstellungen gibt es?

Zweierlei: – sinnliche und begriffliche (Gedanken). Ohne die sinnlichen bleiben die begrifflichen hohl, ohne die begrifflichen bleiben die sinnlichen blind, d. h. unerkennbar. Der Begriff ist der Träger der Erkenntnis. Er enthält die Übersetzung des sinnlichen Gebildes in die logische Sprache des Intellekts. Auf ihm beruht das Gedächtnis: Erinnerung und Voraussicht. Sinnlichkeit und Begriff, an sich verschieden, haben dieselbe Bedeutung. Aber ohne Begriff verliert Sinnlichkeit alle Bedeutung. *Erkenntnis* enthält die Einheit beider, die Erfahrung. Vermittelst der Phantasie vergleicht die Urteilskraft immerfort kritisch Sinnlichkeit und Begriff.

168. Steht es nun etwa so, daß zuerst das sinnliche Ding da ist und von draußen fix und fertig in unseren Begriff hineinwandert?

Nein. Das ist der schwer zu durchschauende Anschein, der den Wahn des Empirismus verursacht. Der Zwang zum Begreifen geht keineswegs von den fertigen Dingen, sondern von deren sinnlichen Elementen aus. Deren Zusammenhang aber, die einheitliche Zusammensetzung zu fertigen Dingen geschieht durch die Funktion des Begriffs, nach Maßgebung jener Data, vor allem aber auch nach Maßgebung seiner eigenen logischen Gesetze (z. B. Kausalgesetz). Also kann die Wahrheit einer Erkenntnis nicht dadurch festgestellt werden, daß man sie mit dem Gegenstande vergleicht; sondern nur dadurch, daß man den Erkenntnisversuch durch Wiederholung kontrolliert. Ohne diese Kontrolle könnte man Traum und Halluzination nicht von der echt gesetzlichen Erfahrung unterscheiden, die gesunde nicht von der kranken.

169. Wie beweist man Axiome, z. B. geometrische?

Genau so, wie man beweist, daß ein Schaf kein Esel ist, also durch den Augenschein. Der Raum ist sinnlich; mit bloßer Logik läßt sich hier nichts ausrichten.

170. Wie entsteht die wissenschaftliche Geometrie?

Durch die naiv organische, die jeder Reflexion zugrunde liegt, und ohne deren Berücksichtigung alle Wissenschaft sophistisch entartet.

171. Sind die Axiome der Geometrie, wie die Moderne behauptet, eine Art von willkürlichen Phantasiegebilden?

Nie und nimmer. Das ist Sophistik, die wähnt, das Gebäude der euklidischen Geometrie werde durch ein Schlußverfahren gegründet, während die Gewißheit der Axiome nicht feststehe. Zeit und Raum nötigen uns aber, ihnen gewisse Eigenschaften zu-, gewisse andre abzuerkennen; z. B. ist der Raum nur drei-, nicht etwa vier- und n-dimensional. Die Axiome beruhen auf der vom Raum ausgehenden apriorischen Nezessitation. Das Axiom der graden Linie ist so gewiß wie unbeweisbar, denn allererst dadurch wird ja der Begriff der meßbaren Größe konstituiert! Ebenso führt das Parallelenaxiom den Begriff einander nie schneidender Linien allererst in die Geometrie ein, ist also genau so unbeweisbar wie der Satz, daß die Kuh muht. Der Beweis der Unbeweisbarkeit des Parallelenaxioms ist metageometrische Flunkerei, indem die sog. Metageometrie gar nicht den Raum selbst, sondern eine spezifische Figur im Raum voraussetzt, in der die Ebene willkürlich beseitigt ist. – Auch ist z. B. die Dimension nicht etwa Produzentin, sondern nur Koeffizientin des Raums.

172. Werden Zeit und Raum vom Verstande hervorgebracht?

Keineswegs, trotzdem sie zum apriorischen Anteil der Erfahrung gehören. *Gegeben* sind sie ohne Verstand, aber eben blindlings, unbekannt: Erst kraft des Verstandes wird aus dieser unerkennbaren Gegebenheit – Zusammenhang, Einheit, Identität. Zugleich aber wird der Verstand auch die Notwendigkeit (daher Apriorität) dieses sinnlichen Anteils der Erfahrung inne: – denn Zeit und Raum üben ihren Zwang auf ihn aus, sie so und nicht anders zu denken. Es ist ebenso sophistisch, sich eine andre Logik zu erflunkern, als sich einzubilden, der Verstand erzeuge die Sinnlichkeit. Dieser unser Verstand und diese unsere Sinnlichkeit sind zur Erfahrung aufeinander angewiesen, und ohne diese Kooperation kommt es zu keiner

Erfahrung. Unsere Erfahrung hat eine apriorische und eine aposteriorische Hälfte, die einander ergänzen.

173. Was stellt die Urteilskraft geometrisch fest?

Möglichkeiten, die der Raum zuläßt (z. B. Dreidimensionalität: daß gerade nur drei und nicht mehr Gerade in ihm senkrecht aufeinander stehen können) und Unmöglichkeiten, gegen die er sich sträubt (z. B. Vierdimensionalität).

174. Gibt es einen nicht-euklidischen, ‚gekrümmten' Raum?

So wenig wie einen euklidischen. Das ist Unsinn. Es gibt nur einen einzigen Raum, den ebenfalls Euklid vorfand. Die nicht-euklidische Geometrie behandelt nur andere *Figuren* im selben Raum als Euklid, ist also nur eine Erweiterung, keine Vernichtung der euklidischen. Grade und Krumm sind aus dem Raum abgeleitet, aber keine Eigenschaften des Raums selber.

175. Was denkt man sich *wirklich* unter dem Begriff des Raums?

Nur den apriorischen leeren Raum. Ein empirischer Raum dagegen bedeutet schon Materie, und gekrümmte Materie ist kein mitgekrümmter Raum. Der Raum selber ist weder grade noch krumm. Daß auf die irrige Annahme eines gekrümmten Raums sich richtige Theorien stützen lassen, beweist keinen krummen Raum, denn aus richtiger Konsequenz folgt gar nicht die Wahrheit des Grundes. Experimentell ist hier nichts auszurichten. Die ‚nicht-euklidische' Geometrie sollte sich mit einem System gesetzmäßig gekrümmter Figuren im leeren Raum begnügen; sonst infiziert sie die Mathematik sophistisch. Der mehr als dreidimensionale Raum z. B. ist ein sophistischer Scherz, aber keine Wissenschaft. Mit bloßen logischen Möglichkeiten ist dem Raum gegenüber, der sinnlich ist, nichts auszurichten. Das Wesen der Scheinlogik ist gerade diese eitle Beschäftigung mit leeren, von der Anschauung losgerissenen logischen Möglichkeiten, das müßige Spiel einer fleißigen Faulheit. In die Wissenschaft gehören nur Realmöglichkeiten. Auch bloße rein logische Zweifeleien sind hohle Gedankenbelustigungen unter der Hirnschale geistiger Gernegroße, die dort, wo der echt Große anschaulich real entdeckt, nur logisch erfinden. – Auch in Albert Einsteins spezieller Relativitätstheorie wird nicht aus einer zuvor als wahr, als real möglich erkannten Prämisse die Konsequenz, sondern aus der Konsequenz eine erflunkerte Prämisse abgeleitet.

176. Wie widerlegt sich die Vierdimensionalität des Raums?

Das Prädikat „vierdimensional“ besteht aus der Zahl vier und aus dem Dimensionalbegriff (einer Graden). Nun folgert man, ohne auf unseren anschaulichen Raum, der uns Axiome abzwingt, hinzuschauen, rein rechnerisch: – wo drei möglich sind, sind auch vier möglich. Man mißbraucht hier die Zahl sophistisch, indem man ihr eine Anschauung unterlegt, die gar keine ist und sein kann. Ohne die reale *Gegebenheit* einer vierten Dimension nutzt uns die Zahl vier nicht im geringsten. Scheinen Erkenntnisse trotzdem hieraus zu folgen, so ist diese Folge eben unsinnig begründet. Sog. weltrevolutionäre Genies, die außerstande sind, aus realen Prämissen Außerordentliches entdeckerisch zu folgern, erzauberten sich Weltruhm dadurch, daß sie (evtl. richtige) Konsequenzen paradox verblüffend begründeten … Auf einmal verwandelte sich die apriorische Realgrundlage Kants, eine echte Entdeckung, in lauter relativistische Flunkerei, in gekrümmten Raum u. dgl. Man beseitigte Kant, damit jedermann zum hypergenialen Bahnbrecher werden könnte. Man verdarb der Jugend die Köpfe. Aus Axiomen machte man ein System von Hypothesen, die man rein logisch erflunkerte. Man verwischte sophistisch den Unterschied zwischen apodiktischen Sätzen und Hypothesen. Man komplizierte, in ungeheuerlich fleißigem Müßiggang, durch komplizierte logische Apparate das Allereinfachste von der Welt. Man arbeitete mit bloßen Begriffen. Man verwirrte die reine Geometrie mit ihrer Anwendung empiristisch. Messende Mathematiker, die feiner als je zuvor differenzierten, verwahrlosten die Begriffsunterschiede: – sie *dachten* grob und *rechneten* überfein: – „Mathematische Formeln“ (Marcus) „erreichen niemals die Feinheiten von Begriffsunterschieden.“

177. Was ist die Zeit?

Organ der Sinnlichkeit, ein ganz anderes Element als der Raum, aber doch mit ihm verbindbar. Ein Leeregebilde, eine apriorische

Form der Erfahrung. Sie ist grenzenlos und beharrlich, hat Konstanz und Kontinuität, ist also in allen ihren Teilen quantitativ und qualitativ gleichförmig. Ein so reales Sinnengebilde wie die ganze übrige Natur. Sie macht, durch die ihr allein wesentliche *Sukzession*, das Zählen erst möglich. Die Teile der Zeit sind keine relativen Größen, sondern quantitativ gleichförmig.

178. Wodurch vergeht sich der moderne relativistische Empirismus am Charakter der Zeit?

Er verwischt den präzisen Unterschied zwischen den genannten mathematisch-physikalischen Axiomen und den technischen Methoden ihrer empirischen Anwendung. Der verschiedene Gang von Uhren in verschiedenen Räumen z. B. betrifft die empirischen Werkzeuge des Messens, nicht aber dessen Axiome. So verwechselt man die empirische Methode zur technischen Feststellung gewisser gleichzeitiger Momente mit der apriorischen Bedeutung der Gleichzeitigkeit. Man vermengt sophistisch problematische Sätze mit sicheren. Man jongliert mit bloßen Begriffen, z. B. leitet man den Zeitbegriff von der Dauer ab, während doch die Dauer von der Zeit abgeleitet ist und die Zustände, die die Zeit erfüllen, bedeutet. Man macht für den verschiedenen Gang von Uhren die daran unschuldige Zeit verantwortlich. Einsteins spezielle Relativitätstheorie hebt die notwendige Bedingung aller Zeitmessung auf. Das kommt davon, daß man Mathematik auf Kosten der dynamischen Erkenntnis überanstrengt.

179. Wie entsteht, da doch primär sämtliche Empfindungen und Gefühle nur in der Zeitform auftreten, trotzdem Objektivität?

Erst durch Begriffsbildung (durch logische Synthesis) werden sie untereinander, d. h. objektiv verbunden. Objektivvorstellungen sind nicht mehr, wie die subjektivistischen Illusionisten, Solipsisten, Stirnerianer wähnen, bloße Zustände des Subjekts, sondern Subjektives und Objektives sind ebenbürtig koordiniert, nicht aber ist das Objekt dem Subjekte subordiniert, das ist sophistisch.

180. Wie verhält sich die analytische Geometrie zur synthetischen?

Wie die Kunst zur Natur. Die synthetische ist naiv und kontemplativ, die analytische nur ein symbolischer Umweg. Sie ist eine Fremdsprache, die man aus dem Symbolischen stets wieder ins Intuitive übersetzen muß; ein notwendiges Übel, das nur der Byzantiner schätzt.

181. Kann es in der Physik eine einheitliche, allgemein anwendbare Methode geben?

Nein. Dazu ist die Natur zu reich, so daß die methodische Prognosis erst die Ergebnisse der Forschung abwarten muß. Die Methoden zur Erforschung der unzähligen, unbekannten Naturvorgänge sind a priori nicht festzustellen. Trotzdem gönnen sich die Empiristen (z. B. Professor Hans Reichenbach) sehr gern diese Art Apriorismus, indem ihre Physik die mathematische Methode nachahmt. Nachahmung, Erzfeind der Originalität, erlangt hier Einlaß in die Physik, wie schon Goethe am Farbenlehrer Newton rügte. Die Freiheit der Forschung wird durch Einzwängung in mathematische Schablonen aufgehoben. Zum Behuf dessen entwickelt man eine sophistische Reflexion, die weder mit ursprünglicher Urteilskraft noch mit Anschauung irgend etwas zu tun hat. Auch Albert Einstein begeht solche Fehler, ja macht problematische Hypothesen, die der direkten Experimentalkontrolle unzugänglich sind.

182. Wie steht es mit dem in der Moderne so beliebten Begriff der Arbeitshypothese?

Der Ökonomie angehörig, ist er physikalisch unzulässig. Er verleitet dazu, sophistische Hypothesen zu erfinden. Jede Hypothese, mit der der Physiker ‚arbeiten' kann, wird dadurch zulässig: – „Auch die Inquisition“, spottet Marcus, „hatte eine Arbeitshypothese.“ Der Reichtum der Natur stellt uns immer neue Probleme, deren Lösungen bloße Reflexion nur sophistisch vorausflunkern kann.

183. Worauf beruht die moderne Überordnung der Mathematik über die Physik?

Auf sophistischem Lug und Trug, auf dem Versuch, aus der Relativität der Bewegung eine Relativität ihrer *Wirklichkeit* zu machen. Denn ob eine Bewegung wirklich oder Schein ist, läßt sich nur dynamisch (Ursache, Wirkung, z. B. Stoß) erkennen. Der Zug, aber nicht der Bahndamm gehorcht dem Hebel, d. h. der Absicht. So ist die Drehung der Erde (Kopernikus) dynamisch begründet. Das ptolemäische System ist dynamisch nicht begründbar. Die Relativität der Bewegung besteht unabhängig von der kinetischen Dynamik. – Die folgenden Fragen erläutern das näher.

184. Worin besteht das Wesen des Trägheitsgesetzes?

Es ist ein apriorisches Gesetz, trotzdem es Materie und deren Beweglichkeit voraussetzt: – inhaltlich also nicht, aber seiner unfehlbaren Gültigkeit nach ist es a priori. Die unfehlbar gewisse Konstruktion möglicher Bewegungen ist von wirklichen abgeleitet. Das Trägheitsgesetz besagt: – wirken auf einen Körper keinerlei bewegende Ursachen ein, so beharrt er, wenn er ruht, in Ruhe; wenn er sich bewegt, in Bewegung. Wie alle Naturgesetze, ist auch das der Trägheit hypothetisch. Aber seine *apriorische* hypothetische Kopula ist apodiktisch.

185. Worin liegt der Grund dieser Apriorität?

Laut Hypothese ist die kinetische Kausalität ausgeschlossen. Übrig bleibt nur noch die mathematische Relation der bewegten Materie zum reinen Raum und zur reinen Zeit, dynamische Nullen, bloßer Ortswechsel, nicht Veränderungen, nur noch Zustände. Diese Bewegung im leeren geometrischen Raum ist allerdings unerfahrbar, ihre reale Möglichkeit aber unwiderlegbar. Also irrt Einstein, wenn er die Trägheitsbewegung in einen empirischen Raum versetzt, der als dynamische Null erdichtet wird, nur um Kants Wahrheit aus dem Wege zu gehen, die man nicht kapiert, weil man Empirist und nur mathematisch-physikalischer Spezialist bleibt, der sich unversehens sophistische Übergriffe in die Erkenntniskritik vergönnt.

186. Welche heuristischen Folgen hat das Trägheitsgesetz?

Zwar ist die absolute Trägheitsbewegung empiristisch nicht erfahrbar; aber trotzdem ist das Trägheitsgesetz auch auf die bloß relativen Bewegungen *anwendbar*. Trotzdem also die Trägheitsbewegung empirisch nur relativ vorkommt, müssen auch solche Abweichungen, die von der bloß *relativ* gradlinigen und gleichförmigen Bewegung stattfinden, auf oppositale kinetische Ursachen zurückgeführt werden; denn diese Ablenkung ist ja ebenfalls bloß relativ, so daß die Relation der abweichenden Bahn zur gradlinigen die gleiche ist, wie sie im absoluten Raum sein würde.

187. Welches sind also die beiden Eigenschaften der „trägen", adynamischen Bewegung? Und wie kommen wir a priori zu ihnen?

Gradlinigkeit und Gleichförmigkeit in Ansehung der Geschwindigkeit. Es gibt drei kinetische Zustände: 1. Ruhe, 2. Bewegung, 3. Nullgrad der Bewegung. Bei gradliniger Bewegung ist in Relation zu jeder anders gerichteten diese gradlinige gleich null, ein relatives Nichts an Bewegung, wie Ruhe deren absolutes Nichts ist. Jede Abweichung von der Graden ist Übergang von Null zu einem Grad der Bewegung und verlangt eine dynamische Ursache. – Die Beschleunigung einer Bewegung durchläuft, vom Nullpunkte beginnend, alle Grade der Geschwindigkeit. Die Änderung ihrer Gleichförmigkeit ist bereits eine dynamische kausale Veränderung. Die Gradualordnung ist das einzige apriorische *Material*gesetz.

188. Ist das Trägheitsgesetz damit bewiesen?

Nein, aber zurückgeführt auf die höchsten geometrischen und physikalischen Grundsätze, wobei man erfährt, daß das Gradual- und Kausalgesetz den Übergang von der Mathematik zur Physik darstellt. Physik beruht auf der organischen Wechselwirkung zwischen Mathematik und Dynamik. Aus der Mathematik allein läßt sich kein physikalisches Gesetz ableiten. Ohne Gradualordnung läßt sich die Wahrheit des Trägheitsgesetzes nicht einsehen.

189. Ist das Relativitätsgesetz nur ein Subjektivgesetz?

Nein: – es trifft objektiv das Verhalten der Dinge zueinander. Gibt man als Grund der Relativität nur die Relation zum subjektiven Beobachter an, so vergreift man sich grob an der Wahrheit. Sondern umgekehrt folgt die Art der Wahrnehmung erst aus dem Objektivgesetz, durch das die Wahrnehmung antizipiert wird. Ohne dieses Objektivgesetz würde kein „Beobachter" auf die Möglichkeit verfallen, daß ebensowohl wie der Horizont sein Leib samt der Erde bewegt werde.

190. Wie wirkt die Idee des absoluten Raums?

Nur limitativ: – er dient nur dazu, um unsere Beurteilung auf eine bestimmte Relation einzuschränken. Man denkt durch ihn die *Grenze* der kinetischen Sondererfahrung, eine isolierte Relation der Erfahrung. Die Idee des Absoluten ist die logisch notwendige Grenze und Basis des Relativen. Anders als in Relation zum Absoluten läßt sich Relatives nicht denken. Die Idee des Unbedingten wirkt sogar regulativ erweiternd. Der Empiriker könnte diese Idee gar nicht bekämpfen, wenn er sie nicht hätte.

191. Was versteht man unter dem Relativitätsprinzip?

Einen besonderen Fall der kinetischen Relativität, nämlich die Relativität zweier kinetischer Koordinaten (Bezugssysteme). Die Frage der *wirklichen* Bewegung ist hier ausgeschlossen. Hier ist nur von der Dynamik losgelöste Mathematik. Der Weltäther z. B., der als *wirklich* ruhend erachtet wird, liegt außerhalb der Grenzen des Relativitätsprinzips. Die Moderne verwischt alles dies sophistisch.

192. Worauf beruht die nichteuklidische Geometrie und die Relativitätstheorie?

Auf der Einführung der *zweckmäßigen Lüge* in die Wissenschaft. Es kommt diesen Leuten nicht mehr darauf an, ob eine Theorie wahr ist, sondern nur darauf, ob sie brauchbar ist. Wahrheit haben sie längst „überwunden", es gibt für sie nur noch zweckmäßige oder zweckwidrige Irrtümer, d. h. Lügen.

193. Warum leidet die gesamte Kultur unter derartigen Lügnern?

Weil solche gelehrten, eitlen, sich selbst bewundernden ekelhaften Sophisten der Naturwissenschaften und Mathematik den allerverderblichsten Einfluß auf die Sittlichkeit ausüben müssen. Ihre falsche Ideologie wirkt schlimmer als zuvor der Materialismus. Den Idealismus fälschen sie dadurch, daß sie zu Idealen gemachte Lügen über der Wahrheit thronen lassen. Danach hätte Sittlichkeit selber nur Werte sofern ihr Gesetz zweckmäßig ist. Und nun darf (Marcus) „eine Handvoll dummdreister, unverantwortlicher Gelehrter" … „uns Gesetze aufschwatzen, die sie für die heutige Zeit als möglichst zweckmäßig, daher als sittlich ausgeben".

194. Wo sind also die Grenzen des Relativitätsprinzips?

Es trifft nur die Relation der Trägheitsbewegung. Es erfordert kinetische Gradlinigkeit und Gleichförmigkeit. Es trifft nur die mathematische, nicht die dynamische Kinetik. Und nur der absolut ruhende Raum gibt die mathematische Voraussetzung für eine gleichförmige Translation. Weil aber empirische Abweichungen den mathematischen Bewegungen (quoad Prinzip) proportional sind, kann es auf relativ bewegte Räume angewendet werden. Die Relation zum Beobachter *folgt* erst aus der mathematisch-kinetischen Objektivrelation. Zwei relative Räume sind nicht ohne einen dritten vergleichbar, der als ruhend hypostasiert wird, und ein solcher setzt die Idee des absoluten Raums voraus. Vorausgesetzt werden muß auch vom Relativitätsprinzip die quantitative und qualitative Gleichförmigkeit und die Kontinuität aller Teile des Raums und der Zeit. Ohne diese Voraussetzung ist keine gradlinige, gleichförmige Bewegung denkbar. Wähnt man freilich, das Relativitätsprinzip habe empirischen Ursprung, so durchbricht man diese Voraussetzung und gerät in die Sophistik der speziellen Relativitätstheorie. Diese Empiristen heben exakte Axiome auf, wodurch die ganze reine Geometrie als exakte Wissenschaft mitaufgehoben wird. Sie wissen nicht, daß es a priori induzierte Gesetze gibt, wie das Trägheitsgesetz, das unter apriorischer Mitwirkung der Gradualordnung induziert ist. Sie rauben, da sie ihre neuen Errungenschaften nicht richtig begründen können, der Geometrie ihr Wesen, die Exaktheit: – z. B. wird ein spezifischer empirischer Vorgang, die Lichtbewegung, nicht dynamisch erklärt, sondern durch eine Änderung des Relativitätsprinzips! Man vermengt also das mathematisch-kinetische Prinzip mit dem dynamischen. Aber das Relativitätsprinzip enthält gar keine Bestimmungen über spezifische Naturvorgänge, z. B. über den verschiedenen Gang von Uhren. Es kennt keine Achsendrehung, keine Ellipsenbewegung, keine Gravitation; es ist adynamisch.

195. Worauf beruht die Gravitation?

Auf Fernwirkung, d. h. auf einer verborgenen dynamischen Beziehung von Körpern, die durch materielle Räume voneinander getrennt sind. Diese Beziehung ist nur an ihren Wirkungen erkennbar, nämlich hier aus der Annäherung von Körpern. Erklärung durch Stoß versagt hier, denn Stoßkraft wirkt nicht kinetisch-konzentrisch wie Gravitation. Die Behauptung, nur Nahwirkung, nicht Fernwirkung sei möglich, ist unbeweisbar und unterschätzt den Reichtum der Natur. Sie ist sophistisch, denn auch die Stoßkraft ist Fernwirkung: – die Vorstellung, daß die einander berührenden Körper nur durch eine mathematische Grenze getrennt wären, einen ausdehnungslosen Kontakt, ist nicht beweisbar. Jedenfalls liegt der gestoßene Körper außerhalb der Grenzen des stoßenden. Ohne gegenseitige Attraktivkraft bewirkt kein Stoß Annäherung. Außerdem ist Repulsion ohne Attraktion unmöglich.

196. Warum behauptet Einstein, es gebe keine unmittelbare Fernwirkung?

Als Beweis wird angeführt, die Wirkung des Magnetfeldes brauche Zeit, es entstehe durch sukzessive Änderung der zwischenliegenden Materie, nicht unmittelbar.

197. Wie widerlegt sich das durchschlagend?

Bedingung des Magnetfeldes ist das Dasein beider Pole. Beide Pole stehen also in latenter Fernwirkung. Trotzdem erfolgt aber die Bildung des Magnetfeldes nicht explosiv momentan, sondern sukzessiv, weil ja die Anziehung doch einen Widerstand überwinden muß, z. B. auch den der Gravitation. Aber ohne latente *unmittelbare* Fernwirkung wäre der Widerstand nicht überwindbar.

198. Wie erklärt sich solche Fernwirkung?

Aus dem, den Raum erfüllenden Weltäther, dessen stetig existierende Wellenbewegung nur verändert zu werden braucht. Auch z. B. der Übergang des Lichts könnte auf einer Fernwirkung des Emittenten und Rezipienten beruhen. Das Licht also brauchte nicht exzentrisch kugelförmig nur vom Emittenten auszustrahlen, sondern könnte einen körperlichen Rezipienten voraussetzen. Danach würden die Weltkörper nur durch Lichtstreifen verbunden sein, und zwischen denen ginge durch den von Körpern leeren ätherischen Raum kein Licht über. Alsdann fielen die Einsteinschen Künsteleien weg, durch die er die experimentellen Ergebnisse sophistisch zu erklären sucht.

IV

199. Ist eine allgemeine Weltäthertheorie möglich?

Sogar notwendig, wie sich bald zeigen wird. Physikalische Ätherhypothesen sind nicht aus ihr ableitbar, sie stellt nur die dynamischen Relationen des Äthers zur Körperwelt *überhaupt* dar.

200. Wie wirkt sie trotzdem auf die Physik ein?

Disziplinarisch: – dadurch, daß sie allgemein die *reale* Möglichkeit der Beschaffenheit des Äthers feststellt, verhindert sie das Schwanken der Urteilskraft, unmögliche Hypothesen, planlose Versuche. Auch kann z. B. eine organische Äthertheorie heuristisch wirken.

201. Worauf kommt es bei solcher Äthertheorie an?

Auf die Untersuchung der Beschaffenheit und des dynamischen Verhaltens des Äthers in *Relation* zur Körperwelt.

202. Wie muß der Äther vorgestellt werden?

Als *unbemerkbarer* Stoff. Seine Eigenschaften, die Gesetze seines Verhaltens sind *unmittelbar* nicht festzustellen. Seine Gesetze dürfen mit den *allein erkennbaren* der Körperwelt niemals in Widerspruch treten: – Einfluß des Äthers auf die Körperwelt muß unmöglich sein. Seine Eigenschaften sind nur nach Analogie mit Erfahrungstatsachen feststellbar.

203. Welches Rätsel beschäftigte Kant in seinen letzten Lebensjahren?

Das des Weltäthers, d. i. des Übergangs von den Anfangsgründen der Naturwissenschaft zur eigentlichen Physik.

204. Wie kommt es, daß Sternsysteme, obwohl durch ungeheure Zwischenräume getrennt, einem gemeinsamen Gesetze folgen?

In allen Orten des Raums herrscht das gleiche Gesetz. Die Ursache dieses gemeinsamen Gesetzes muß also eine *räumliche* Einheit, folglich ein alle Orte des Raumes einnehmender, uns verborgener Stoff sein, der die wahrnehmbaren Körper durchdringt und ihnen sein Gesetz aufnötigt.

205. Wie haben wir uns diesen Stoff zu denken?

Als physikalischen Raum, der in Beziehung auf die wahrnehmbaren Körper ruht, seine Stelle im Raum nicht verändert.

206. Bewegt er sich überhaupt nicht?

Doch: – er pflanzt seine (etwa wellenartigen) Bewegungszustände in Zitterungen fort.

207. Wie verhält er sich zu den Körpern?

Die Körper sind nur seine Erscheinungen. Der Urstoff ist ihnen der wirksamen Kraft nach nicht bei-, sondern übergeordnet. Also der Urstoff ist nicht etwa nur ein Körper von geringerer Dichte.

208. Ist die Existenz dieses Urstoffs nur Hypothese oder steht sie unfehlbar fest?

Seine Existenz steht unfehlbar fest. Er bleibt verborgen, kann aber nur so gedacht und bestimmt werden, daß seine Bewegung mit der

der Naturkörper übereinstimmt, und jeder Widerspruch mit der erkennbaren Natur ausgeschlossen bleibt.

209. Wie demnach muß er beschaffen sein?

In Beziehung auf die wahrnehmbaren Körper muß er:

1. gewichtlos sein, also als latente Energie jede Waage, jedes Energie messende Werkzeug durchdringen;
2. ist er unkomprimierbar, nimmt keine Gestalt an, geht durch die Wände des zusammendrückenden Gefäßes hindurch;
3. kann seinen Teilen kein Zusammenhang aufgenötigt werden, er ist, in immerwährenden Zitterungen seiner räumlichen Kontinuität, frei beweglich; Kohäsion der wahrnehmbaren Körper ist seine Wirkung;
4. ist er eine unerschöpflich existierende Energie und, da das Weltsystem sich ihm verdankt, von darüber hinausgehender Dauer.

210. Wie steht es mit Behauptungen über die Art seiner Beteiligung an *besonderen* Zuständen der Natur?

Sie sind nicht, wie die Behauptung der *Existenz* des Äthers, unfehlbar wahr, sondern nur bedingt (hypothetisch) richtig.

211. Worin recht eigentlich besteht die wahre Gültigkeit der Kantischen Äthertheorie?

In der Einsicht, daß man den Äther so bestimmen muß, daß er mit keiner besonderen Naturerscheinung streiten kann. Weil die Physiker, indem sie Kant ignorieren, diese Bestimmung verfehlen, wehren sie sich vergebens gegen die Wahrheit der Existenz des Weltäthers.

212. Welche Fehler begeht die moderne, bes. Einsteinsche Physik in Beziehung darauf?

Man erkannte experimentell, daß die Erdbewegung keinen Einfluß auf die Geschwindigkeit des Lichts hat. Folglich, so schloß man, sei die Wellenbewegung des Äthers als Ursache der Lichtfortpflanzung widerlegt. Aber man dachte sich (daher schloß man so fehlerhaft) den Äther, nur innerlich in sich bewegt, in absoluter Ruhe. Dann bewegte sich die Erde in einer der Äthermasse entgegengesetzten Richtung: – hierdurch nun aber stellte man sich den Äther doch relativ bewegt vor, widersprach also der Voraussetzung seiner absoluten Ruhe.

213. Wie steht es damit in der Wahrheit Kants?

In Wahrheit ist der Äther der unwahrnehmbare Urheber aller Bewegung der wahrnehmbaren Körper. So würde die Bewegung der Erde auf einer gewaltigen Ätherwelle beruhen, und mit dieser würde sich das Licht mitbewegen.

214. Wieviel Denkmöglichkeiten gibt es überhaupt zur Bestimmung des Verhältnisses zwischen Äther und Erde?

Nur drei:

1. Äther ruht absolut und Erde bewegt sich;
2. Erde bewegt den Äther;
3. Äther bewegt Erde: – diese dritte Möglichkeit hat nur Kant, nicht Einstein, nicht die moderne Physik berücksichtigt, weil die Physiker sich um Kants Kritik der reinen Vernunft, d. h. um die Feststellung der Bedingungen der Möglichkeit aller Physik nicht kümmern.

215. Worin besteht das Wahre und Neue der Kantischen Äthertheorie?

Der Äther, der Urstoff ist hier nicht etwa nur ein dünnerer Stoff, sondern, selber verborgen, der Vater aller unterscheidbaren Stoffe, so daß der Begriff der relativen Bewegung gar nicht auf ihn anwendbar ist.

216. Was reizt unseren Organismus zur Wahrnehmung?

Leerer Raum nicht. Aber wir nehmen wirklich Räume wahr, die leer scheinen, z. B. den durchsichtigen Raum zwischen Auge und Gestirn oder den Raum hinter der Spiegelfläche.

217. Woran liegt das?

Es muß in unserem Organismus der Weltäther enthalten sein, der, mit dem außerorganischen Weltäther verbunden, zur Wahrnehmung gereizt wird. Folglich können die sinnlichen Empfindungen ohne diesen Weltäther nicht ins Spiel gesetzt werden.

218. Wovon hängt die Wahrheit dieser Äthertheorie ab?

Von dem Zwang, den die Schwierigkeiten einer solchen Theorie auf die Urteilskraft ausüben. Diese Schwierigkeiten schränken die Urteilskraft schließlich auf eine einzige Möglichkeit ein, die daher notwendig ist, da die Relation des Äthers zur Körperwelt apriorisch sein muß; Empirismus ist hier ausgeschlossen. So muß der Äther unwägbar, durchdringend, unsperrbar, unerschöpfbar sein.

219. Wer machte den Versuch einer allgemeinen Äthertheorie?

Nur Kant, in seinem Opus posthumum, das bis auf den heutigen Tag noch nicht vollständig erschienen und obendrein an sich schon fragmentarisch geblieben ist. Aber die „Kantgesellschaft" gab einen das Wesen dieser Theorie verfehlenden Kommentar eines Antikantianers heraus … !

220. Welche Möglichkeiten der Theorie sind denkbar?

Unter Zugrundelegung des Kantischen *Axioms*, daß der Äther ursprünglich unwahrnehmbare Materie ist:

1. In Relation zum absoluten Raum, daher zur Allheit der bewegten Körper, ist das Äthermeer in *wirklicher* Ruhe, d. h. kinetisch-dynamisch ruht es nicht nur relativ, sondern absolut, fällt also außerhalb der Grenzen des kinetisch-mathematischen Relativitätsprinzips.

2. In Relation zu seinen eigenen Teilen bewegt sich der Äther *wirklich*, ohne alle Scheinbewegung.

3. Die Zitterungen, Pulsationen, Vibrationen, Wirbel usw. sind stetig, unaufhörlich. Im Äther gibt es keine Trägheit, nur ununterbrochene kinetische Spontaneität. Die Bewegung des Lichts z. B. ist nicht etwa eine Neubewegung absolut ruhender Ätherteile, sondern nur Veränderung bereits vorhandener Vibrationen.

4. Eine Bewegung der Masse in Richtung der Fortpflanzung findet *nicht* statt, sondern die kinetische Veränderung geht auf die folgenden Vibrationen über: – denn neben der Vibration, die den Ort

im Äthermeer *nicht* wechselt, gibt es eine Fortpflanzung der Vibration (ähnlich den Wasserwellen). Also auch im Zustande der Dunkelheit vibriert der Äther. Der Lichtstoß bringt die Vibration nicht erst hervor, sondern verändert eine zwar unbemerkbare, aber doch schon vorhandene Vibration, die elastikoform sofort in die Unbemerkbarkeit zurückkehrt, während ihre Wirkung sich bemerkbar fortpflanzt. Da das Licht den Widerstand bereits vorhandener Vibrationen verändert, dynamisch überwindet, braucht es Zeit. Im Äther existieren unendliche Möglichkeiten der Beweglichkeit mit Ausnahme der Fortbewegung der Massen, wie sie bei Körpern auftritt.

221. Wieviel Möglichkeiten der Kausalrelation zwischen Äther und Körperwelt gibt es? Und welche allein ist real denkbar?

Nicht mehr als drei, nämlich:

1. Koordination von Äther und Körpern (Wechselwirkung);
2. Subordination des Äthers unter die Körper, so daß diese ihn, nicht aber er sie zu beeinflussen vermag;
3. Subordination der Körper unter den Äther, so daß dieser sie, nicht aber sie ihn beeinflussen können. Dieser dritte Fall bietet zwei Möglichkeiten: – die Körper können entweder die Wirkungen oder die Eigenschaften (Akzidenzen) des Äthers sein.

Eine vierte Möglichkeit wäre fälschlich die des Äthers als lediglich leitenden Mediums körperlicher Fortpflanzungen, z. B. des Lichts. Diese Möglichkeit ist physikalisch unhaltbar, denn ein „Leiten“ ohne dynamische Beeinflussung ist undenkbar.

222. Wie kritisiert man diese Möglichkeiten?

Koordination von Äther und Körpern würde bedeuten, daß der Äther durch bewegte Körper wie durch Siebe ohne Reibung, daher unbemerkt hindurchgehe. Aber dieser reibungslose Durchgang ist eine mathematische, den dynamischen Gesetzen, also dem Naturgesetz widerstreitende willkürliche Annahme, daher verwerflich. – Ist ferner der Äther den Körpern dynamisch subordiniert, so daß diese zwar ihn, er aber nicht sie dynamisch beeinflussen könnte, so wäre das Gesetz von Wirkung und Gegenwirkung aufgehoben; folglich ist auch diese Hypothese falsch. Beides sind rein mathematische Erfindungen, die falsch angewendet werden. – Ist der Äther den Körpern superordiniert, so ergeben sich zwei Möglichkeiten:

1. der Äther beeinflußt die Körperwelt, aber diese nicht ihn. Wie soll das ohne Reibung möglich sein? Es ist physikalisch unmöglich. Also bleibt

2. nur diese letzte Möglichkeit übrig, die allerdings im höchsten Grade paradox, aber wohl grade darum richtig ist, eine Umkehrung, gegen welche die kopernikanische Kinderspiel ist: – die gesamte Körperwelt ist nur ätherische Modifikation. Kant ätherisiert die Körper, und nun gibt es in der Welt nur eine einzige Art Materie: Äther. Die Körper sind Modi, spezifische Zustände des Äthers; sie müssen dem Äther (Kant) „nicht beigesellet, sondern untergeordnet sein". Unsere Erde z. B. ist keine kompakt sich bewegende Masse mehr, sondern ein nach Art der Wasserwelle sich fortpflanzender Ätherwirbel, konstante Welle, sich in jeder Phase erneuernd, nur scheinbar sich bewegende Masse. Dieser Schein entsteht durch die Konstanz des Wirbels. Alle Dinge, darunter unser Leib, sind kleinere Wirbel, die im Erdwirbel mit inbegriffen sind. Der eigentliche unbemerkbare Äther ist primär, während der verkörperte nur sekundär ist; dazwischen vermittelt der strahlende (wie Licht, Magnetismus, Elektrizität usw.). Da Äther und Körper homogen sind, können sie aufeinander einwirken, ohne daß der Primaräther durch Reibung stört. Der in den Körpern steckende Äther wirkt auf den Äther, denn die Körper selber sind ätherisiert. Eine gigantische Dynamik des Äthers ist hier imaginiert. Das Äthermeer ist perpetuum mobile. Alle seine Teile stehen in Fernbeziehung. Gewisse konstante Bewegungen erscheinen uns als „Körper". Dieser Weltäther ist hyperelastisch, ballt sich in einem Moment z. B. zum Erdball, ist im nächsten wieder entkörpert. Aller wahrnehmbar verkörperte Äther ist nur Einschränkung des primären, die durch wechselseitige Opposition von Ätherelementen entsteht. Jede von dieser abweichende Theorie rechnet falsch, nämlich mit einem unhaltbaren Materialdualismus zwischen Körper und Äther. Ätherisiert man hingegen die Körper, so werden sie zu Äthermassen, die sich nicht bewegen, sondern *fortpflanzen*, d. h. kinetische Ätherveränderungen sind. Ein anderer Ausweg ist undenkbar.

223. Wie kommt es, daß der verkörperte Äther wahrnehmbar, der primäre hingegen unbemerkbar ist?

Wir nehmen nur eine Mosaikwelt wahr, Inseln im Meer des Äthers, obgleich wir es mit derselben Materie zu tun haben. Der Äther darf ja nicht bemerkbar sein, weil er sich sonst als unberechenbarer Deus ex machina in die Gesetze der Körperwelt einmengen würde. Hier stehen wir daher vor einem Problem der Wahrnehmung, einer Schranke der Sinnlichkeit.

224. Ist das eine Schranke der leiblichen Sinnesorgane?

Nein. Über diese Schranke könnten wir hinauskommen. Ein ätherempfängliches leibliches Sinnesorgan ist aber wesentlich unmöglich.

225. Ist demnach der Äther übersinnlich?

Nein. Er ist materieller, die Körper verbindender Raum. Hier wird der Empiriker unkompetent. Die Ätherthese hat es nicht mehr mit der leiblich-empirischen, sondern mit der rein apriorischen Sinnlichkeit zu tun. Ohne es zu merken, begibt sich der Physiker hier auf apriorisches Gebiet. Die Apriorika sind ähnlich unkörperlich wie der Äther.

226. Was bedeutet absolut?

Keineswegs den Gegensatz zur Relation, sondern eine Relation, die nicht mehr in Relation zu anderen Relationen steht, also unbedingt, absolut ist. – Es handelt sich also niemals um absolute oder relative Messung, sondern um objektive, d. h. richtige, oder nur subjektive, d. h. falsche Maßbestimmung. Es ist ganz falsch, Raum, Zeit, Bewegung als relativ oder absolut zu bezeichnen. Ein Objekt kann nicht in Relation „zum Beobachter“ festgestellt werden, sondern nur in Relation zu allen anderen Objekten, überhaupt nicht sinnlich-phänomenal durch Wahrnehmung, sondern nur durch Verstand und Urteil unter Benutzung sinnlicher Merkmale.

227. Worin besteht der Unfug des Geschwätzes von „Relativität"?

Man verstümmelt den Begriff der Relation, wenn man den der „Relativität" daraus ableitet (ähnlich personifiziert Schopenhauer eine Kausalrelation, den „Willen"). „Relativ" ist ja keine Eigenschaft wie: trocken, naß, schweinisch, schleimig. Nie und nimmer die Zeit höchstselber, sondern immer nur die Dauer in ihr, Anfang und Ende eines Vorgangs kann in verschiedenen Relationen stehen. Es ist purer Nonsens, daß diese Dauer dadurch „relativ" würde, daß sie von verschiedenen Standpunkten aus verschieden meßbar ist. Daß das Messen selber die Eigenschaft der „Relativität" erhält, gehört zur berüchtigten Naturphilosophie. Gewiß ist der Erfolg zeitlichen Messens von der Relation des Messenden zum Gegenstand abhängig; das besagt aber doch nur, daß beim Messen die Relation zum Messenden in Rechnung zu stellen ist. Das tut aber die Relativitätstheorie keineswegs. Sondern unter dem Vorwand, daß eine „absolute" Feststellung unmöglich sei, gibt sie verschiedene Maße des Selben sämtlich für gültig aus. Aber in Wahrheit muß sie eine objektiv richtige Zeitfeststellung sogar voraussetzen. Sie muß voraussetzen, daß Lichtblitzstrahlen, die ungleichzeitig hervorgebracht werden, an einem bestimmten Orte gleichzeitig eintreffen. Wegen dieses gleichzeitigen Eintreffens *fingiert* sie auch die Entstehungszeit *fälschlich* als gleichzeitig. Diese sog. „relative" Wahrheit, daß Strahlen gleichzeitig sind, wenn sie gleichzeitig *eintreffen*, ist aber keine relative Wahrheit, sondern absoluter Unsinn.

228. Welche Entscheidung demnach ist hier zu treffen?

Hier macht die Transzendentalphilosophie, insbesondere die transzendentale Ästhetik, ihren Übergang zur Physik, und dieser Überschritt führt durch die Physiologie hindurch. Eine unerhört neue Wahrheit fordert hier Gehör, wird es sich aber wahrscheinlich erst nach vielen Jahrzehnten erzwingen. Denn sie gehört bereits zur *Anwendung* der Kantischen Philosophie, erfordert also ursprüngliche Urteilskraft.

229. Wie muß unsere empirische Sinnlichkeit beschaffen sein, wenn aus ihrer Organisation die notwendige Unwahrnehmbarkeit des Weltäthers folgen soll?

Wir unterscheiden zunächst den unverkörperten Äther als Primäräther vom verkörperten Sekundäräther. Auch unserem Leibe liegt der Primäräther zugrunde. Dieser organische Äther stellt unseren ätherischen Leib dar, auf dem der anatomische beruht, der nur sekundäres Äthergebild ist. Aber der organische Primäräther ist Bedingung, Träger aller Wahrnehmungen, Empfindungsgebilde, Gefühle.

230. Woran haften also die Sinnesgebilde?

Nicht, wie man annimmt, an den leiblichen Organen, den Nerven, dem Gehirn, sondern am organischen Primäräther. Die leiblichen Organe sind also nur empirisch erkennbare Bedingungen der Modifikation der Wellen des Primäräthers. Auf mathematisch sehr einfache Wellenstöße des Primäräthers (z. B. in *grader* Linie) antwortet der Leib mit komplizierten Muskelbewegungen. Wie dem auch sei, jedenfalls folgt notwendig, daß der Primäräther sinnlich unbemerkbar ist. Wo er isoliert auftritt, zeigt sich leerer Raum, das Nichts der Wahrnehmung repräsentierend. Ohne diese physiologische Hypothese läßt sich die notwendige Unwahrnehmbarkeit des Äthers nicht erklären.

231. In welchem Verhältnis steht der organische Primäräther zum übrigen Äther?

Der organische Primäräther ist in organische Grenzen eingeschlossen. Außerhalb dieser dynamisch-kinetischen Grenzen liegt der transorganische Äther. Soweit dieser dem organischen konform ist, muß er ebenfalls unwahrnehmbar sein. Aus der Opposition zwischen den Wellen des organischen mit denen des transorganischen Äthers entspringen Empfindungs- und Gefühlsgebilde.

232. Etwa nur bei Gelegenheit dieses Zusammenstoßes?

Nein. Der organische Primäräther ist während des Lebens konstanter Träger des ohne jenen Zusammenstoß latenten Vitalgefühls des reinen, empfindungsleeren Lebens, das – ohne jenen Kontrast – unbewußt bleibt. So z. B. ist der Nullpunkt des subjektiven Temperaturgefühls kein Fehlen dieses Gefühls, sondern das ursprünglich latente Temperaturgefühl.

233. Ruht dieser Vitaläther?

Niemals, er vibriert stetig, aber seine Bewegungen sind notwendig unwahrnehmbar. Auch das Schweregefühl beruht auf dem Vitaläther. Der kann daher nicht selbst wieder Gegenstand einer Schwerewahrnehmung sein; er ist imponderabel.

234. Sind auftretende Gefühle und Empfindungen sensuale Neubildungen?

Nein, sondern eben nur Veränderungen ursprünglich latenter Vitalgefühle. An die Stelle des Gehirns als des Sitzes der Empfindungen tritt als dynamisches Zentrum der organische Primäräther. Das Gehirn ist nur Koeffizient, nicht ursprünglicher Sitz der sinnlichen Wahrnehmung.

235. Wie entsteht z. B. das exzentrisch auftretende optische Gebilde?

Zentripetal dringen ins Auge Lichtätherwellen ein und lösen, durch ihren Stoß gegen den Vitaläther, dessen Reaktion aus, die in einer über die Leibesgrenze hinausflutenden exzentrischen Wellenbewegung besteht, so daß hier ein Zusammenstoß der organischen mit den transorganischen Ätherwellen stattfindet. Analog das gleiche gilt für sämtliche Empfindungen.

236. Welche neue Wahrheit wird hierdurch begründet?

Ein physikalisch-dynamischer Zusammenhang zwischen unserem Organismus und dem transsomatischen physikalischen Raum. Die organischen Vorgänge der Empfindung erlangen physikalischen Charakter, so daß das Gebiet der Psychologie eine Einschränkung erfährt. Die Relation der Empfindung zum Ich gehört zur Metaphysik, nicht mehr zur Physik.

237. Welche neue Wissenschaft wird hier eröffnet?

Organische Physik: – Empfindungen sind, abgesehen von ihrem subjektiv-psychologischen Charakter, den sie mit jeder Vorstellung teilen, *Natur*erscheinungen der organischen Physik, also intraorganisch. Ihre Auslösbarkeit durch physikalische Ursachen beweist auch ihren physikalischen Charakter. Sie lokalisieren sich ja auch automatisch nach physikalischen Gesetzen. Die Realität transsomatisch-kosmischer Empfindungen ist bewiesen.

238. Worin ist die Atomtheorie verfehlt?

Darin, daß sie aus den Körpern Siebe mit mathematischen Löchern macht. Das ist Unsinn. Dadurch, daß der Primäräther mit dem sekundären in stetigem räumlichen Zusammenhang steht, wird das Prinzip der *extensiven Kontinuität* auf das materielle Universum anwendbar.

239. Wie steht es mit dem [Prinzip] der intensiven [Kontinuität]?

Es ist denkbar, daß zwischen Primär- und Sekundäräther ein kontinuierlicher Übergang stattfindet; es bedarf keines Materialdualismus zwischen Äther und Körper. Sondern z. B. die Licht- und elektromagnetischen Phänomene beruhen danach auf einem medialen Äther zwischen primärem und verkörpertem.

240. Wie hat man sich nach der Äthertheorie die Weltkörper und ihre gegenseitigen Beziehungen zu denken?

Die Weltkörper sind konstante, sich fortpflanzende Ätherwirbel. Da der Äther absolut elastisch ist, nimmt er in jeder Phase der Fortpflanzung seine frühere Gestalt wieder an. Also bei jedem Ortswechsel wäre der Weltkörper ringsum durch den Weltäther absolut isoliert. In Relation zur Körperwelt hat der Weltäther den Charakter eines absoluten dynamischen Vakuums.

241. Wie erklärt sich trotzdem der Übergang der Licht- und anderen Wellen?

Die Weltkörper sind, da zum Übergang aus dem Emittenten immer auch der andere Pol, der Rezipient gehört, durch Brücken aus

Medialäther verbunden, durch konstante Licht-, Wärme-, Gravitationsstreifen, welche die Bewegungen des verkörperten, sekundären Äthers (etwa wie Radien einer Ellipse) mitmachen. Vielleicht sind die Lichtwellen Modifikationen der Gravitationswellen? ... Die Körper bilden mit der Brücke ein System. Emittent und Rezipient nehmen ihre Ätherbrücke, wenn sie sich bewegen, immer mit. Die Vorstellung von einer absoluten (mathematischen Grenze) der Körper ist also dynamisch ausgeschlossen.

242. Wie ändert sich danach speziell die Lichttheorie?

Am Übergang des Lichts ist ebensosehr der Rezipient wie der Emittent beteiligt. Ohne die das Äthersystem durchdringende Fernwirkung ist das nicht möglich. Ohne diese gibt es keine Lichtfortpflanzung. Eine Nachgiebigkeit des absolut elastischen Äthers ist undenkbar; er ist nicht träg. Der Lichtübergang beruht also auf Anziehung.

243. Was bedeutet diese Äthertheorie für die organischen Vorgänge?

Sie ist das einzige Mittel, organische Vorgänge in die mathematisch bestimmbare Physik einzubeziehen. Auch im organisierten Äther (Leib) müssen mediale Ätherformen gedacht werden. Es geht hier nicht nur psychologisch, sondern organophysikalisch zu. Will man solche Äthererscheinungen experimentell entdecken, so muß man sie zunächst einmal heuristisch voraussetzen. Aber die moderne Physik liegt am Mangel einer solchen zureichenden Äthertheorie krank danieder, und Einstein ist *ohne* Kant nicht der Arzt, um dieses Gebrechen auszuheilen. Empiristische Surrogate werden der Patientin niemals aufhelfen. Ohne die Basis der Äthertheorie taugt die Atomtheorie nichts (Radio-Emanationen z. B. sind sekundäre Ätherwirbel).

244. Was also läßt sich hier erhoffen?

Ein echter Newton der Kantischen Äthertheorie, ein Mathematiker, der auch Dynamiker wäre. Mikroskopische Kleinarbeit genügt hier nicht.

245. Macht aber die Äthertheorie, sofern sie die Körper ätherisiert, die bisherigen kinetisch-mechanischen Gesetze nicht unanwendbar?

Nein. Alle diese Gesetze schalten, da sie mittelbar auf der Relation zum nichtmateriellen Raum beruhen, die Dynamik aus. Die Ableitung dieser Gesetze aus den Bewegungen des Äthers ist so wenig möglich, daß man vielmehr umgekehrt erst aus den Relationen der Körper auf die Natur des Äthers schließt. Daß Körper ätherisch sind, ist kein Gegenstand der physikalischen Erfahrung.

246. Welche Bedeutung hat also die Äthertheorie?

Erstens macht sie die dynamische Einheit, die einheitliche Gesetzmäßigkeit der Natur begreiflich: – an die Stelle der in den Körpern vorgestellten Kräfte und Eigenschaften tritt bei Kant die ursprüngliche Bewegung des Weltäthers. – Zweitens macht sie Naturvorgänge aus Geheimnissen zu Erkenntnissen, z. B. Gravitation, Licht, Wärme, Elektrizität, Magnetismus usw. Mit einem Worte: – sie dient der dynamischen, nicht der mathematischen Erkenntnis der Natur. Auch heuristisch ist sie erfordert zur Auffindung spezifischer mathematischer Hypothesen. Die modernen Mathematiker möchten die Dynamik ausschalten; das ist Unsinn. Auch der Begriff z. B. eines „Gravitationsfeldes“ entspringt aus dynamischen Relationen. Die Materie nur aus ihrer Größe und Gestalt abzuleiten, ist Humbug. Das ist ptolemäisch, nicht kopernikanisch … „Der einseitige Mathematismus“, spottet Marcus, „erinnert an Monomanie.“

247. Sind etwa Zeit und Raum materiell?

Keineswegs! Die empiristischen Ignoranten verkennen, daß die empirischen Vitalgefühle, die auf der Organisation des Äthers und des Leibes beruhen, niemals nezessitierende Vorstellungen von endloser Größe, unumstößlicher Konstanz, Kontinuität, Gleichförmigkeit, wie sie Zeit und Raum eigentümlich sind, hervorrufen. Hingegen wäre, ohne diese apriorischen Organe der Sinnlichkeit, ein Raum mit unwahrnehmbarer Materie, also die Äthertheorie unmöglich.

248. Wo liegt also das Zentrum der erkennbaren Welt?

Nicht nur im apriorischen, sondern auch im materiellen, dem organätherischen Organismus. Der Organismus hat also die gleiche kosmische Realität wie die endlose Natur (Einsteins Beweis der Endlichkeit der Welt ist ein Sophisma, das auf der Konfusion von Mathematik mit Kinetik beruht).

249. Warum sind die Bewegungsgesetze, trotzdem sie schon, bevor sie entstehen konnten, Erfahrung voraussetzen, dennoch a priori?

Weil sie nachträglich als notwendige Bedingungen der Erfahrung eingesehen werden müssen. Derartige Sätze heißen *metaphysisch*. Sie gehören also zur Metaphysik der Erfahrung.

250. Welches sind die wichtigsten dieser Sätze, die also zwar nicht streng a priori, aber dennoch nicht aposteriorisch sind?

Erstlich: – Der eigene Leib muß, das ist a priori einzusehen, mit unserem Ich, wenn Erfahrung möglich sein soll, beharrlich als materieller fester Standpunkt der Erkenntnis verbunden sein. Der Leib ist die Zentralsubstanz des Ich, um ihn gruppiert das Ich alle anderen Erscheinungen.

251. Würden wir, ohne diese Beharrlichkeit des eigenen Leibes, oben und unten, rechts und links unterscheiden?

Niemals. Ohne Modifikation des Hirns ist die Bildung empirischer Begriffe unmöglich.

252. Worin aber irrt die moderne Physiologie?

Darin, daß sie solche physiologischen Gesetze, deren Notwendigkeit a priori einzusehen ist, für nur empirisch hält.

253. Sind Empfindungen, wie die moderne Physiologie annimmt, absolute Neubildungen?

Nein, sondern nur Modifikationen schon vorhandener latenter Vitalgefühle.

254. Ist der eigene Leib, wie Schopenhauer meint, im Gegensatz zu fremden Körpern, mein unmittelbares Objekt?

Nein, sondern sämtliche andere empirische Räume werden ebenso unmittelbar wahrgenommen. Ohne Erkenntnis von Fremdkörpern würden wir uns des eigenen nicht bewußt werden, wir erkennen ihn nur zugleich mit Fremdkörpern.

255. Welches sind noch andere metaphysische Sätze?

Ohne physische Herrschaft über *einen* Körper, nämlich unseren Leib, gemäß einem vorauslaufenden organisch-mathematischen Bewegungsbegriff, würden wir keine *gewollte* Veränderung von der automatischen unterscheiden können. Ohne diese Bewegungsprognosis läßt sich kein Widerstand eines Fremdkörpers gegen die Bewegung unseres Leibes erkennen; die Festigkeit beider Räume würde unbekannt bleiben. Jener Widerstand hat Grade, der apriorische Raum bedeutet den Nullgrad. Ohne Bewegungsprognosis leistet der Tastsinn nichts zur Erkenntnis des Widerstands. Diese Einsicht mangelt der heutigen Naturwissenschaft und insbesondere dem weltberühmten Albert Einstein, der gegen allen Verstand behauptet, daß wir eine Scheinbewegung nicht von der wirklichen unterscheiden können, daß wir also nicht unterscheiden können, ob der Eisenbahnzug sich bewegt, oder ob der Bahndamm samt der Landschaft sich in entgegengesetzter Richtung bewege. Ja: – ohne unsere *Voraussicht*, daß der Zug sich durch Hebeldruck in Bewegung setzt, während doch die Landschaft das nicht tut, würde Einstein recht haben. So jedoch beweist er nichts als seinen Mangel an philosophischer Schulung, wodurch er sich nicht bewußt wird, daß er hier mit einer bloßen Fiktion operiert.

256. Wie verhält sich unser Ich zu unserem Leibe? Ist unser Leib etwa unserem Ich am nächsten?

Keineswegs: – zwischen Ich und Leib oder anderen Körpern existiert überhaupt keine *räumliche* Relation, sondern nur die *geistige* des Subjekts zum Objekt. Der Leib ist dem Ich nicht näher als der Mond. Mond und Leib sind voneinander, aber nicht vom Ich entfernt. Alle Entfernung, der ganze Raum ist Objekt des Ich. Man darf Leib nicht mit Ich identifizieren und unser Spiegelbild nicht für das Abbild unseres Ich halten.

257. Gibt es schließlich noch eine Bedingung der Erfahrung?

Ja: – den Weltäther. Ohne den einheitlichen Zusammenhang, den er stiftet, auch keine Einheit unseres eigenen Subjekts aller Auffassung. Der Äther ist die Brücke zwischen Physiologie und Physik. Der Äther ist der Träger der Empfindung, die ein wahrgenommener Zustand des Äthers selber ist. In Gegensatz zum anorganischen Äther ist der organisierte die Grundlage der Erscheinung des Gehirns, so daß die feste Gehirnsubstanz und die Empfindung koordinierte Modi des Organäthers sind.

258. Wie entsteht demnach die Empfindung?

Durch Zusammenstoß des organisierten mit dem anorganischen Äther, infolge also einer Modifikation des Organäthers durch transorganische Einflüsse. Ohne diese Modifikation empfinden wir gleichsam neutral, d. h. Vitalgefühle, die mit dem leeren Gefühl unseres Daseins *eins* sind. Aus dieser Übereinstimmung zwischen Organ- und Transorganäther erklärt sich auch die Erscheinung eines leeren Raums, des durchsichtigen Raums z. B. zwischen Auge und Lichtgebild eines Sterns. Die organische Ätherwelle bricht sich erst an der Stelle, wo das Lichtgebild auftritt, also an einem Widerstand.

259. Wie erklärt sich danach der Einfluß des Willens auf den Leib?

Der Wille wirkt unmittelbar noch nicht auf den anatomierbaren, sondern erst auf den organätherischen Leib, durch diesen aber auf den körperlichen Leib als dessen Erscheinung vor den Sinnen.

260. Was gibt es schließlich noch für ein wichtiges erkenntnisphysiologisches Gesetz?

Keine Realität ist absolute Neubildung, sondern jede nur Veränderung eines qualitativ gleichartigen Zustands. Ohne die Geltung dieses Gesetzes können wir weder kausale noch substanziale noch Gradualerfahrungen machen. Empfindung ist nur Veränderung des vorhandenen Zustands, einer apriorischen Zeit- und Raumvorstellung.

261. Ist der Mensch ein materieller Organismus, der Vernunft hat? Oder ist er eine Seele, die einen Leib hat?

Keins von beiden. Vernunft ist kein Zustand der Materie, und der Leib kein Zustand des Geistes. Sondern Vernunft und Leib sind ebenbürtige dynamische Faktoren, deren Koeffizenz auf einem unerkennbaren Geheimnis beruht. Ihr „Monismus“ ist keine Erklärung, sondern Mysterium.

262. Als was stellt sich schließlich unser Intellekt heraus?

Als eine Kraft, die über der Sinnlichkeit und der Natur steht. Er wirkt organisierend, so daß wir, gemäß seinen Begriffen, den Organäther und durch ihn den Leib in Bewegung setzen. Das Gehirn ist nur Koeffizient, nicht aber Ursprung des Gedankens und seiner Tatkraft. Über Gesetz, Ethik, Verantwortlichkeit, also Freiheit darf kein Naturforscher aburteilen.

zugewiesen. Die Ratio gibt den Aufbau des Systems; die Erfahrungs-Inhalte und ihre gegenseitigen Beziehungen sollen durch die Folge-Sätze der Theorie ihre Darstellung finden. In der Möglichkeit einer solchen Darstellung allein liegt der Wert und die Berechtigung des ganzen Systems und im Besonderen auch der ihm zugrunde liegenden Begriffe und Grundgesetze. Im übrigen sind letztere freie Erfindungen des menschlichen Geistes, die sich weder durch die Natur des menschlichen Geistes noch sonst in irgendeiner Weise a priori rechtfertigen lassen.

Die logisch nicht weiter reduzierbaren Grundbegriffe und Grundgesetze bilden den unvermeidlichen, rational nicht erfaßbaren Teil der Theorie. Vornehmstes Ziel aller Theorie ist es, jene irreduzibeln Grundelemente so einfach und wenig zahlreich als möglich zu machen, ohne auf die zutreffende Darstellung irgendwelcher Erfahrungsinhalte verzichten zu müssen.

Die hier skizzierte Auffassung vom rein fiktiven Charakter der Grundlagen der Theorie war im 18. und 19. Jahrhundert noch durchaus nicht die herrschende. Sie gewinnt aber immer mehr dadurch an Boden, daß der gedankliche Abstand zwischen den grundlegenden Begriffen und Grundgesetzen einerseits und den mit unseren Erfahrungen in Beziehung zu setzenden Konsequenzen andererseits immer mehr zunimmt, je mehr sich der logische Bau vereinheitlicht, d.h. auf je weniger lo-

DAS RAUM-, ÄTHER- UND FELD-PROBLEM DER PHYSIK

Das wissenschaftliche Denken ist eine Fortbildung des vorwissenschaftlichen. Da im letzteren der Raumbegriff bereits eine fundamentale Rolle spielt, so müssen wir mit dem Raumbegriff des vorwissenschaftlichen Denkens beginnen. Da gibt es zwei Betrachtungsweisen von Begriffen, die beide für das Verstehen unentbehrlich sind. Die erste ist die logisch-analytische. Sie beantwortet die Frage: wie hängen die Begriffe und Urteile voneinander ab? Bei ihrer Beantwortung stehen wir auf relativ sicherem Boden. Es ist die Sicherheit, die bei der Mathematik uns so viel Achtung einflößt. Diese Sicherheit aber ist durch inhaltliche Leerheit erkauft. Inhalt erlangen die Begriffe erst dadurch, daß sie — wenn auch noch so mittelbar — mit den Sinneserlebnissen verknüpft sind. Diese Verknüpfung aber kann keine logische Untersuchung aufdecken; sie kann nur erlebt werden. Und doch bestimmt gerade diese Verknüpfung den Erkenntniswert der Begriffssysteme.

Beispiel: Ein Archäologe einer späteren Kultur finde ein Lehrbuch der Euklidischen Geometrie ohne Figuren. Er wird herausfinden, wie die Worte Punkt, Grade, Ebene in den Sätzen gebraucht sind. Er wird auch erkennen, wie letztere auseinander abgeleitet sind. Er wird sogar

Dr. S. Friedlaender

Albert Einstein: „Mein Weltbild"

(Querido-Verlag, Amsterdam 1934)

Einstein intim – *‚en pantoufles'* nennt's der Franzose. Das Buch verschafft uns die Gesellschaft des nicht nur geistvollen, sondern auch achtungs- und liebenswürdigen Menschen. Als schlichter Mann steigt hier Einstein von dem monumentalen Piedestal, auf das ihn das sensationslüsterne Verehrungsbedürfnis erhoben hat. „Es besteht ein grotesker Gegensatz zwischen dem, was mir die Menschen an Fähigkeit und Leistung zuschreiben, und dem, was ich wirklich bin und vermag." ... „Jeder soll als Person respektiert und keiner vergöttert sein."

Es ist das Verdienst dieses Buches, daß es dem Leser gestattet, die eitle Ruhmesbrille abzulegen, um einen vortrefflichen Mann kennen zu lernen, der seiner eigenen Leistung kritisch abwartend gegenübersteht und, statt auf Lorbeern auszuruhen, weiter arbeitet, und zwar nicht nur auf seinem Felde, der mathematischen Physik, sondern allgemein menschlich an der Front des guten Willens, der heute so schwer gegen den bösen anzukämpfen hat. Einsteins Zionismus erklärt sich aus Notwehr: „Wenn wir nicht unter intoleranten, engherzigen und gewalttätigen Menschen leben müßten, wäre ich der erste, der jeden Nationalismus zugunsten universalen Menschentums verwerfen würde!" Woran man wieder einmal bestätigt findet, daß der Antisemitismus das beste Konservierungsmittel des jüdischen Nationalismus ist; und daß National-Staaten anstelle der Rechtsstaaten inhumaner Unfug sind. Erfreulich ist die antike Einfalt Einsteins: „Meine Ideale" ... „waren Güte, Schönheit und Wahrheit" ... „Die banalen Ziele menschlichen Strebens: Besitz, äußerer Erfolg, Luxus erschienen mir seit meinen jungen Jahren verächtlich."

Einsteins geistige Orientierung ist der Goetheschen verwandt. Seine kosmische Religiosität gilt dem Spinozischen Gott in der Natur. Man erinnert sich, daß der Kantianer Schiller Mühe hatte, Goethen zur Kantischen Revolution der Denkart zu bewegen.

Auch Einstein scheint Kant nichts abgewinnen zu können als den grundsätzlichen Pazifismus. Einstein ist der friedfertigste Mensch von der Welt. Er möchte am liebsten alle militärische Dienstpflicht abschaffen. Alle geistigen Führer, sagt Einstein, von Christus bis Kant, wollten den Frieden unter allen Menschen. Wie kommt es, fragt er, daß trotz dieser Einigkeit der anerkannt größten Menschen deren Friedenswille sich nicht durchgesetzt hat? Es liegt, entwortet er, an der mangelnden Organisation der menschlichen Elite. Uns fehlt ein Genf der Geister mit Exekutivgewalt. Noch ist solche überstaatliche, allgemein menschliche Machtbefugnis übel zerfallen. Auf der einen Seite stehen immer stärker sich rüstende blinde Gewalten; auf der anderen wird ein immer herrlicheres Intelligenzgehirn ausgearbeitet; und inzwischen gibt es noch keine Menschheit, weil beide Teile, auch der geistige, ihren Zusammenhang, den nur der einzige Kant entdeckt und zur Wahrheit erhärtet hat, ignorieren. Auch Einstein hält sich lieber an Schopenhauer. Obgleich gerade Schopenhauer es ist, der Kants Gedanken über Raum und Zeit den Diamanten in Kants Krone nennt, nachdem er versichert hat, wer Kants kopernikanische Revolution nicht erlebe, befinde sich geistig noch im Stande der Unschuld.

Aber Einstein als Naturforscher braucht kein Philosoph zu sein, und zum Studium Kants würde ihm schon die Zeit fehlen. Obendrein aber haben die Philosophieprofessoren aus dem eindeutigen Kant einen Wald aus einander widersprechenden Meinungen gemacht, den man vor lauter Bäumen nicht mehr sieht. So erklärt es sich leicht, daß Einstein gesteht, er habe die Frage nach dem Apriori im Sinne Kants niemals begreifen können. Daher hält er denn auch das Kausalgesetz nur für eine Hypothese. Bereits der Kantianer Schiller verspottet in einem Distichon die alte Feindschaft der Naturforscher gegen Kant. Leider ist sie eine der tiefsten Ursachen der Uneinigkeit der Intelligenzen, ohne deren Einigung auf Kants Entdeckungen die Erziehung der Menschheit und damit ihre Zukunft noch lange falschen Händen überantwortet sein wird.

Von seiner Relativitätstheorie sagt Einstein, daß es sich dabei um keinen revolutionären Akt handele, sondern „um eine natürliche Fortentwickelung einer durch Jahrhunderte verfolgbaren Linie." Dieser gewaltige Naturforscher strengt sich wie seine größten

Vorgänger an, die Vernunft aus der Natur herauszuholen, aus der Natur-Erfahrung. Er gelangt auf diesem Wege, indem er eine Art künstlerischer Intuition zuhülfe nimmt, zu jenen Relativitätsgesetzen, die sich bis ins Praktische bestätigt haben. Aber auch hier erhebt sich mahnend die anderthalb Jahrhunderte alte Stimme des meistens sophistisch ertaubte Ohren findenden Kant: Vernunft, Zeit und Raum sind keineswegs das Hinterher, sondern das Vonvornherein der Natur, der Erfahrung in Theorie und Moral. Hält sich der Naturforscher an die Natur, ohne die Entdeckungen Kants zu kennen, so läuft er Gefahr, sie blindlings zu hintertreiben, eine Gefahr, die sich vielleicht noch weniger rein physikalisch als vielmehr kulturell zeigen wird. Es ist dieses aber auch der einzige Einwand, den wir hier erheben. Kants Lehre ist die allerwichtigste Wahrheit, eine strengstens bewiesene geistige Entdeckung von unerhörtester Folgenschwere. Klagt nunmehr die geistige Elite der Zeitgenossen und an ihrer Spitze Albert Einstein über ihre Ohnmacht gegen die brutalen Gewalten dieser Tage: – so bedenke sie! Das Grundgebrechen, aus dem diese Ohnmacht herrührt, ist der mangelnde *Consensus sapientium* über Immanuel Kant, d. i. über die Wahrheit. Diese Wahrheit, endgültig eingesehen, wird ihre unwiderstehliche Macht bewähren.

Gerade durch das wundervolle Exempel, welches Albert Einstein von herrlichster Humanität, Forscherfreude, Freiheitlichkeit in dieser seiner Konfession bietet, fühlt sich der in Kants Lehre Eingeweihte noch dringlicher bewogen, auf das Manko hinzuzeigen, das auch der höchsten modernen Intelligenz anhaftet, wenn sie es wohl zwar bis zur kosmischen Religiosität des bestirnten Himmels über uns bringt, ohne aber zugleich ebenso besonnen das Gesetz der Natur zu verlassen, wenn es gilt, das moralische Gesetz in uns zu erleben und an ihm zu spüren, daß sowohl jenes wie dieses von vorn herein keineswegs der Natur, sondern dem menschlichen Geiste angehören, der nur durch diese Einsicht von allem Naturalismus geheilt werden kann, dem die Führer der modernen Barbarei, vor allem Nietzsche, anheimgefallen sind.

genwärtigen. Es besteht ferner die Schwierigkeit, daß unsere Sprache mit Worten operieren muß, welche mit jenen ursprünglichen Begriffen unlösbar verknüpft sind. Dies sind die Hindernisse, die sich uns auch in den Weg stellen, wenn wir das Wesen des vorwissenschaftlichen Raumbegriffes darlegen wollen.

Bevor wir uns dem Raumproblem zuwenden, zuerst eine Behauptung über Begriffe überhaupt: Begriffe beziehen sich auf Sinneserlebnisse, aber sie sind niemals in logischem Sinne aus diesen ableitbar. Aus diesem Grunde habe ich die Frage nach dem apriori im Sinne Kants niemals begreifen können. Es kann sich bei Wesensfragen immer nur darum handeln, jene Charaktere der Komplexe der Sinneserlebnisse herauszusuchen, auf welche sich die Begriffe beziehen.

Was nun den Raumbegriff angeht, so scheint ihm derjenige des körperlichen Objektes vorangehen zu müssen. Die Beschaffenheit von Komplexen und Sinneseindrücken, welche jenen Begriff veranlaßt haben mag, ist oft dargelegt worden. Das Entsprechen von gewissen Gesichts- und Tasteindrücken, kontinuierliche Verfolgbarkeit durch die Zeit, Wiederholbarkeit der Eindrücke zu beliebiger Zeit (Tasten, Anschauen) sind einige dieser Merkmale. Ist an der Hand so angedeuteter Erlebnisse der Begriff des körperlichen Objektes einmal gebildet — welcher Begriff keineswegs den des Raumes oder räumlicher Beziehung voraus-

Albert Einstein: „Mein Weltbild“

(Querido-Verlag, Amsterdam 1934)

(Entwurf)

Das ist Albert Einstein intim; *‚en pantoufles‘* würde der Franzose sagen. Dieses Buch verschafft uns die die Gesellschaft eines nicht nur geistvollen, sondern auch achtungs- und liebenswürdigen Menschen. Auch abgesehen von allem Weltruhm würde eine solche Gesinnung, wie sie sich in dieser mehr persönlichen Konfession ausspricht, gerade heut, mitten in der Gefahr des Rückfalls in Barbarei, Wunder wirken. Als schlichter Mensch verläßt Einstein hier das monumentale Piedestal, auf das ihn das Verehrungsbedürfnis erhoben hat: „Es besteht ein grotesker Gegensatz zwischen dem, was mir die Menschen an Fähigkeit und Leistung zuschreiben, und dem, was ich wirklich bin und vermag.“ ... „Jeder soll als Person respektiert und keiner vergöttert sein.“

Es ist das Verdienst dieses Buches, daß es dem Leser gestattet, die eitle Ruhmesbrille abzulegen, um einen ohne alle Eitelkeit vortrefflichen Mann kennen zu lernen, der seiner eigenen Leistung kritisch gegenübersteht und, statt sich auf Lorbeeren auszuruhen, sich weiter müht und arbeitet, und zwar nicht nur auf seinem Felde, der Mathematik, sondern allgemein menschlich an der Front des guten Willens, der heute so schwer gegen den bösen anzukämpfen hat. Erfreulich ist die Einfachheit, man möchte sagen, elementar antike Einfalt eines doch so außerordentlich differenzierten Geistes: „Meine Ideale“ ... „waren Güte, Schönheit und Wahrheit“ ... „Die banalen Ziele menschlichen Strebens: Besitz, äußerer Erfolg, Luxus erschienen mir seit meinen jungen Jahren verächtlich.“

Einstein äußert sich hier über den Sinn des Lebens, über Politik, Judentum und Wissenschaft. Alle diese Äußerungen zeugen von Güte, Schönheit und Wahrheit, umso untrüglicher, als ganz offenbar der Bekenner hier naiv, d. h. nicht als Philosoph, sondern als kultivierter Mann spricht. Man wird an Goethe erinnert, der ja bekanntlich den größten aller Philosophen, Immanuel Kant, las und schätzte, jedoch in einem Grade, der dem Kantianer Schiller auffiel, immerdar der Natur die Ehre gab, der er mit Spinoza göttlichen Rang verlieh. Einsteins geistige Orientierung ist dieser Goetheschen sehr verwandt. Es scheint sogar, als könne er dem alten Kant noch weniger abgewinnen, es sei denn den grundsätzlichen Pazifismus des ewigen Friedens.

Denn hier haben wir einen der allerfriedfertigsten Menschen der Erde vor uns, dessen Abscheu vor dem Krieg bis zu Abschaffung der militärischen Dienstpflicht geht, und der die Kriegsdienstverweigerung am liebsten sanktionieren möchte. Hierin, sagt Einstein, herrsche Einigkeit unter allen geistigen Führern von Christus bis Kant. Wie kommt es, daß trotz dieser Einigkeit der größten Menschen die Durchsetzung des Friedens noch nicht erreicht ist? Einstein sieht an der Machtspitze der Menschheit nicht deren Elite, sondern subalterne Exponenten der Gewalt und der Wählermassen. Er proponiert eine internationale Gemeinschaft aller Elitemenschen.

In der Tat fehlt uns ein wahrhaft geistiges Weltparlament mit überstaatlicher Exekutivgewalt, ein Genf der Geister, welche Macht und Gewalt haben. Die Menschheit hat einen starken Rumpf, aber noch keinen Kopf. Sie gleicht einerseits mehr einem Athleten an Muskelkraft. Aber da auch andererseits schon ihr grandioser Kopf besteht, so läßt sich hoffen, daß Einsteins Ideal sich realisiert, indem eines Tages Rumpf und Kopf zusammenhängen.

Der Name Einstein verbindet sich unwillkürlich mit dem der Relativitätstheorie. Dieser sind in dem Buche eine Anzahl Seiten gewidmet, die auch dem Nichtfachmann verständlich sein werden. Es stellt sich dabei heraus, daß es sich hier um keinen revolutionären Akt handelt, sondern „um eine natürliche Fortentwickelung einer durch Jahrhunderte verfolgbaren Linie.“ In diesem Zusammenhange sagt Einstein auch, daß er die Frage nach dem Apriori im Sinne Kants niemals habe begreifen können. Nun, sagten wir vorhin, daß sich hoffen lasse, Kopf und Rumpf der Menschheit würden einmal zusammenkommen, so stoßen wir hier auf den Punkt des letzten Hindernisses dieser Union: - auf das bare Mißverständnis des eminentesten Kopfes der Menschheit, Kants. Einstein ist hier das Opfer der Philosophieprofessoren, die aus Kant einen Wald einander widersprechender ‚Auffassungen’ gemacht haben, den man vor lauter

Bäumen nicht mehr sehen kann. Ein gewaltiger Naturforscher wie Einstein hat schon deswegen nicht einmal eine zeitökonomische Möglichkeit, sich von Kant orientieren zu lassen, so daß er z. B. Kausalität für eine Hypothese hält. Bereits Schiller, der Kantianer, machte ein Distichon über die Feindschaft zwischen Kant und den Naturforschern. Es ist auch das Beste für die Naturforschung, wenn sie sich nie einfallen läßt, sie habe die Möglichkeit, mit Kant zu kollidieren. Ein Naturforscher braucht kein Philosoph zu sein. Ihm fehlt vor allem schon die Zeit, sich mit Kants schwieriger Kritik zu befassen. Wohl aber wäre vor allem Kant längst der gemeinsame Lebensleitstern aller Menschen, auch Einsteins, wenn Kant echte statt sophistischer Schule gemacht hätte.

Einstein hält sich daher lieber an Spinoza und Schopenhauer in allen Fragen, die nicht speziell die Naturwissenschaft betreffen. Aber wie sagt Einsteins Freund Schopenhauer über Kant: wer Kants Kritik nicht erlebt hat, befindet sich noch im Stande geistiger Unschuld. Kant erst sticht uns den Star. [hss. eingefügt: „Diamanten in Kants Krone": Raum/Zeit] Dieser von seinem Schopenhauer ihm angeratenen Operation hat sich Einstein bisher so wenig unterzogen wie seine Kollegen. Die Naturforschung steht immer noch unter der Herrschaft jenes Scheins, den Kant durch seine ‚kopernikanische Revolution' weggeblendet hat: sie holt die Vernunft aus der Natur heraus, aus der Erfahrung; anstatt endlich einzusehen, daß man dieses Verfahren direkt umdrehen müsse, um Vernunft und Natur zu erfahren. Vollzieht sich diese Revolution bis ins Moralisch-Religiöse hinein, zunächst bei den größten Zeitgenossen, zu denen Einstein gehört, so wird diese echte moralische Revolution die gesamte Menschheit erfassen. Denn Wahrheit, einmal endgültig eingesehen, entwickelt eine unwiderstehliche Macht und Gewalt. Klagt heute die geistige Elite und an ihrer Spitze Albert Einstein über ihre Ohnmacht, so bedenke sie: das Grundgebrechen, aus dem diese Ohnmacht rührt, ist der mangelnde *consensus sapientium* über die Wahrheit, über Immanuel Kant.

[hss. angefügt:] Zionismus [gestrichen]
Parfümzerstäuber (Flettner).
Staat (Schweiz) [gestrichen]

Rezensionen

1
Schriften zur Relativitätstheorie

Die Einsteinsche Relativitätstheorie, von der offiziellen Physik längst in den Bestand „klassischer" Theorien eingereiht, ist außerhalb der Spezialwissenschaft vorläufig noch ein immer wieder neues und interessantes Thema. Das beweisen die zahlreichen Versuche, den physikalischen Inhalt der Theorie, ihre Konsequenzen, ihre Stellung im System der Naturwissenschaften und das ihr entsprechende Weltbild in mehr oder weniger allgemeinverständlicher Form darzustellen; das beweist die nicht endende Diskussion über die philosophische Zulässigkeit und Brauchbarkeit der Theorie und über ihre philosophischen Grundlagen. Über einige neuerschienene Schriften zur Relativitätstheorie soll hier berichtet werden.

[Ludwig Hopf: *Relativitätstheorie als verständliche Wissenschaft,* Berlin: Springer 1931; Emile Borel: *Zeit und Raum von Euklid bis Einstein,* Stuttgart: Franckh 1931]

Ohne Zweifel beruht die Relativitätstheorie (wie übrigens jede physikalische Theorie, ja, wie die gesamte exakte Naturwissenschaft unserer Zeit) stark auf positivistischen und pragmatistischen Voraussetzungen (Dinge und Ereignisse „gibt" es nur, soweit sie „feststellbar" sind). Diese Tatsache kann zum Ausgangspunkt fruchtbarer philosophischer Kritik gemacht werden; sie ist auch ein Leitmotiv in Dr. S. *Friedlaenders* „Kant gegen Einstein" betiteltem „Fragelehrbuch zum Unterricht in den vernunftwissenschaftlichen Vorbedingungen der Naturwissenschaft" (Der Neue Geist Verlag in Berlin). Leider aber ist der Autor auf den Buchstaben Kants, vielmehr sogar auf die eigenwillige Kant-Interpretation von Ernst Marcus derart fanatisch festgelegt, daß im Verlauf seiner 262 Fragen immer falschere Behauptungen auf immer polterndere Art vorgetragen weden. Nur die zusammenhängende Einleitung gibt von der sonst so wertvollen gedanklichen Arbeit des Autors ein schwaches Zeugnis.

Kurt Hirsch, in: Vossische Zeitung, Nr. 281 (12. Juni 1932), Morgen-Ausgabe

2
Kant und Einstein

Die große Literatur über Einstein ist um eine kleine Schrift vermehrt worden, die aber wirklich nicht überflüssig ist: „Kant gegen Einstein" (Berlin, Der Neue Geist Verlag. 79 S. M. 2.80) von Dr. *S. Friedländer*. Es gibt zwar auch darüber, was Kant zu den Relativitätstheorien zu sagen hätte, schon etliche Schriften, aber eine richtige Beantwortung dieser Frage ist doch nur dann möglich, wenn man Kant vollständig begriffen hat. Leider ist das viel seltener der Fall, als man meinen mag. Dr. Friedländer ist einer, der Bescheid weiß. Er ist einer der wenigen, die sich die Hilfen zum Verständnis Kants, welche die Schriften von Ernst Marcus bieten, vollständig zu eigen gemacht haben. Darum ist auch die vorliegende Arbeit dem Andenken dieses Kantianers gewidmet. In der Form eines Fragelehrbuchs (Fragen und Antworten) werden die Gesichtspunkte behandelt, die zu der Beurteilung der Lehre Einsteins nötig sind. Eine gewisse Kenntnis dieser Lehre ist vorausgesetzt. Dr. Friedländer hat die Begabung, schwierige Dinge sehr einfach darzustellen. Er ist auch temperamentvoll und geneigt, gelegentlich ein kräftiges Wort zu gebrauchen, weil er sich über den Unverstand ärgert, unter dem Kant zu leiden hat. Wer einen grundsätzlichen Standpunkt zu Einstein gewinnen will und noch im Stande ist, vorurteilslos an diese Fragen heranzugehen, dem sei die kleine Schrift bestens empfohlen. Er wird sich wundern, zu erfahren, wie es um die Lehre Einsteins eigentlich steht.

D. [Robert Drill], in: FZ, Nr. 586 (7. Aug. 1932), Literaturblatt 65, Nr. 32, S. 6. – F/M schreibt am 13. Sept. 1932 aus Essen an seine Nichte Eva Samuel: „Mein Kantgegeneinstein ist von Drill in der Frankfurter anerkennend besprochen worden." (AAFMAG)

3
Friedlaender, S., Dr.: Kant gegen Einstein

Einer der „Hundert Autoren gegen Einstein“ (Voigtländers Verlag, 1931) gibt mit dieser Broschüre Gleichgesinnten – denn Andersdenkende, das sind die „meisten modernen Physiker“, wird er kaum bekehren – ein philosophisch-propädeutisch-repetitorisches Fragelehrbuch an die Hand, das eine Menge „vernunftwissenschaftlicher“ Argumente wider Einstein, im besondern gegen die spezielle Relativitätstheorie („Skandal der Wissenschaft“) enthält. Die Originalität des Verfassers beschränkt sich laut Vorwort auf die einer Werbungs- und Streitschrift immerhin entsprechende Katechismusform. „Geist und Buchstabe“ stammen von Kant („Metaphysische Anfangsgründe der Naturwissenschaft“) und von „seinem echten Thronerben“ Ernst Marcus, dem einzigen, der Kants Lehre in fruchtbarer Weise eindeutig mache und durch dessen (noch ungedruckte) Kritik der Relativitätstheorie diese endgültig beseitigt werde. Über Einstein heißt es u. a.: „In der Naturwissenschaft vollkommen geschult (!), ist er vollkommener Ignorant (!) auf dem Gebiete der Denk-, der Vernunftwissenschaft“. Nicht weniger als 262 Fragen und Anworten zeugen mehr oder minder eindeutig und temperamentvoll wider die „Akademiker in der Naturwissenschaft“, vor allem gegen die auch „Moral und Religion unterwühlenden Relativisten“. Eine kritische Analyse dieser Zeugnisse überschreitet den Raum dieses Referats, zumal auch die eigentliche Quelle, aus der der Verfasser schöpft („Marcus’ noch ungedruckte Paragraphen seiner Kritisierung Albert Einsteins“) noch nicht geflossen ist. Das Recht der anderen Meinung – Kant als Zeuge – sei dem Verfasser unbestritten; doch etwas von der Schopenhauerschen Galle, die ihm bisweilen aus der Feder rinnt, würde man gerne vermissen. Auch erscheint zurzeit die Lage an der Front wider Einstein trotz Kant und Marcus nicht so günstig, wie der Verfasser annimmt und behauptet.

Dr. Josef Esser, in: Kölnische Volkszeitung und Handelsblatt, Nr. 311 (11. Nov. 1932), Beilage „Literarische Blätter“, Nr. 191, Rubrik „Philosophie“. Der Verfasser kann der 1941 habilitierte, zuletzt in Tübingen lehrende Jurist (1910-95) sein. Das Zitat über Einstein aus Nr. 54.

4
Kant gegen Einstein. Fragelehrbuch von S. Friedlaender

Der Verfasser stellt in seinem Fragelehrbuch die Lehre Kants, den er mit den Augen von E. Marcus, des „echten Thronerben Kants" sieht, der Relativitätstheorie gegenüber. Von der Wahrheit der „kritischen" Philosophie so, wie sie von Marcus verstanden wird, ist er so fest überzeugt, daß er sagt: „Studiert Kants Beweise und verzichtet, wenn ihr sie dann noch bezweifelt, auf alles Philosophieren". Das Büchlein zeigt – darin besteht sein Verdienst – daß eine Versöhnung von Kant und Einstein unmöglich ist. Friedländer geht aber noch weiter: er behauptet, daß die Relativitätstheorie auch physikalisch unhaltbar sei. Bei „Marcus", so erklärt er, ist das Michelson-Morley-Experiment und das Fizeau-Experiment ohne Deformationshypothese und Transformation erklärt, und zwar durch eine neue Lichthypothese, die den Uebergang des Lichtes nicht nur von dessen Emittenten, sondern auch vom Rezipienten abhängig macht, also polar verfährt" (32). – Bei den Physikern hat die neue Lichthypothese keinen Anklang gefunden. Wie hervorragende Naturforscher über die Relativitätstheorie urteilen, erhellt aus folgendem Satz von *Jeans* (*Die neuen Grundlagen der Naturerkenntnis*, Stuttgart 1934, S. 63): „Heute liefert die Relativitätstheorie eine Erklärung für eine ungeheure Anzahl von Naturerscheinungen, und wir kennen keine einzige Tatsache, die nicht damit in Einklang stünde".

E. Hartmann, in: Philosophisches Jahrbuch. Auf Veranlassung und mit Unterstützung der Görres-Gesellschaft begr. v. Constantin Gutberlet & J. Pohle, Hg. Martin Grabmann & Ed. Hartmann (Fulda) 45 (1932), 362. – Prof. Msgr. Dr. Eduard Hartmann (1874-?; nicht zu verwechseln mit Eduard v. Hartmann, 1842-1906, dem „Philosophen des Unbewußten") lehrte seit 1903 in Fulda, gab über zwanzig Jahre lang, bis 1946, das Jahrbuch heraus, für das er viele Rezensionen schrieb; darunter: *Relativitätsliteratur von 1924-1929,* Philos. Jb. 43 (1930), 101-118 (zu H. Reichenbach: *Axiomatik* 1924; A. S. Eddington: *Die RT in mathematischer Behandlung,* 1925; B. Russell: *Das ABC der RT,* 1928; A. C. Elsbach: *Kant und Einstein,* 1924; O. Kraus: *Offene Briefe,* 1925 [ablehnend!] usw.); sowie zu Marcus 1932, Philos. Jb. 45 (1932), 370 f. Interessant der Hinweis auf das erst zwei Jahre später erschienene Buch von James H. Jeans.

5
S. Friedlaender, Kant gegen Einstein

Verfasser vertritt in Form eines Katechismus die *Kant*sche Erkenntnistheorie und Naturphilosophie in der Art, wie sie von *Ernst Marcus* aufgefaßt und zu erweitern versucht wurde, gegenüber dem Empirismus.

Hugo Dingler, in: Physikalische Zeitschrift, vereinigt mit dem Jahrbuch der Radioaktivität und Elektronik (Hg. Peter Debye & R. Seeliger, Leipzig: S. Hirzel) 34, Nr. 13 (1. Juli 1933), 528. Auch in: Dingler: *Gesammelte Werke.* Im Auftrag der Hugo-Dingler-Stiftung, Aschaffenburg, hg. v. Ulrich Weiß unter Mitarbeit v. Silke Jeltsch & Thomas Mohrs, Berlin: Karsten Worm InfoSoftWare 2004 (Literatur im Kontext auf CD-ROM, 18)
Dingler (München 1881 - ebd. 1954) studiert Mathematik, Physik und Philosophie in Erlangen, München, Göttingen. 1907 Promotion, 1912 Habilitation in München. Von Einstein trotz seiner Gegnerschaft gelobt. 1920-32 Prof. in München, 1932-34 an der TH Darmstadt. Entlassen wegen „Judenfreundlichkeit". Später Lehrtätigkeit in München unter Gestapo-Aufsicht, 1940 Prof., ergeht sich in Lobreden auf das Regime und in Beweihräucherungen der ‚Deutschen Physik'. 1945 aus dem Amt entfernt. Autor von rund 20 Büchern und 70 Aufsätzen, beeinflußt er den Konstruktivismus (Erlanger und Konstanzer Schule) und die Protophysik. Sein Buch *Der Zusammenbruch der Wissenschaft und der Primat der Philosophie* (München 1926, ^{2}1931) wird von Marcus anerkennend rezensiert: *Der Zusammenbruch der Wissenschaft,* FZ, Literaturblatt Nr. 7 (13. Feb. 1927). Vgl. auch Marcus 1927, 192 ff. sowie *Mahnruf,* 40. Marcus' Korrespondenz mit Dingler hat Lüdtke 1989, 36 u. 114-133 dokumentiert. Dort weiteres zur RT-Diskussion.

6
Kant gegen Einstein

Dieses kleine, aber bedeutende Werk des bekannten resoluten Verfechters Kantischer Philosophie gibt in anregender Frage- und Antwortform zugleich eine Widerlegung des modernen Relativismus, ja eine für diesen beschämende Bloßstellung seiner erkenntnistheoretischen Torheiten, wie auch eine Einführung in die philosophischen Prinzipien aller Naturwissenschaft, die in einer Skizze der wenig bekannten Weltäthertheorie Kants ihren Abschluß findet. Diese Theorie fordert, im Gegensatz zur heutigen abwegigen rein mathematischen Physik, den kommenden Newton heraus, der nicht nur Mathematiker, sonden auch Dynamiker ist.

Friedlaenders Argumente gegen die Relativitätstheorie und die moderne Sophistik überhaupt sind die eines Philosophen ersten Ranges, so scharfsinnig und klar, daß ich nicht weiß, was ein Einsteinianer, sofern er sich noch einen Rest von Logik bewahrt hat, darauf antworten kann. Zum Beispiel: Es handelt sich gar nicht um absolute oder relative Messung, sondern um objektive, d. h. richtige, oder nur subjektive, d. h. falsche Maßbestimmung. Ein Objekt kann nicht in Relation „zum Beobachter" festgestellt werden, sondern nur in Relationen zu allen anderen Objekten. Die Relativitätstheorie vergißt, daß beim Messen die Relation zum Messenden in Rechnung zu stellen ist. Das Allereinfachste von der Welt wird durch eine komplizierte Mathematik kompliziert. Verwechselt werden die Begriffe „Zeit" und „Dauer" und ersterer aus dem letzteren abgeleitet, statt umgekehrt. Die Gleichzeitigkeit wird relativiert, tatsächlich aber auch vom Relativisten a priori angenommen.

Die falsche Ideologie der eitlen, sich selbst bewundernden Sophisten übt auch einen allerverderblichsten Einfluß auf die Sittlichkeit aus, indem sie an die Stelle der Wahrheit die Brauchbarkeit setzt und den Wert der Sittlichkeit in der Zweckmäßigkeit ihrer Gesetze sieht.

Die Philosophie und die Logik kämpfen einen schweren Kampf gegen einen quantitativ mächtigeren Gegner, die Unlogik. Daher sorge jeder Interessierte für die Verbreitung dieses Buches.

Dr. Ruckhaber, Zeitungsausschnitt ohne Quelle und Datum (AKB)

Nachweise und Anmerkungen

Einige kleine Druckfehler wurden stillschweigend korrigiert. Die längeren Anmerkungen wollen historische Tiefendimensionen angeblich rein systematischer Fragen andeuten.

Motto] Goethe & Schiller: *Xenien*, Nr. 190 „Empirischer Querkopf"

Vorwort

57 Ernst Marcus, dessen Kinder und Nachlaßpfleger ...] Die „demnächst erscheinende Ethik" ist Marcus 1932. Die „noch ungedruckten Paragraphen" sind auch erwähnt in Marcus 1926, 14. Die „philosophischen Tagebücher" (1902-28) liegen als Maschinenabschrift in der ULB (161 S.). Marcus' Nachlaß wurde nach 1928 von seinem Sohn Robert und einem Kuratorium (F/M, Robert Drill, Rebekka Hanf u. a.) gesammelt und bei dem Berliner Rechtsanwalt Udo Rukser deponiert. Nach 1933 brachte Rukser das Material auf sein Gut bei Radolfzell am Bodensee, wo es bei Kriegsende von französischen (marokkanischen) Besatzungstruppen restlos verfeuert wurde. Eine zweite von Robert Marcus unternommene Sammlung, vor allem aus den Nachlässen von R. Hanf und F/M, kam 1969 als Depositum in die ULB. Vgl. Lüdtke 1989, 92-105; zu Rukser: Bosch 1992.

58 „Arbeitshypothesen"] „Warum ist Kant das allerwichtigste Kulturereignis? Durch seinen *Beweis* der Suprematie der Vernunft über alle in Zeit und Raum ausgebreitete Natur. Er hat die ganze ungeheure Natur abhängig gemacht vom Leben des erkennenden Wesens. Jetzt wird diese absolute Feststellung zertrampelt: es kommen die Genies Fichte, Schelling, Hegel, Schopenhauer, schließlich Nietzsche und – geben die Hexenmilch der problematistisch-relativistischen Moderne ab ... es kommt die gesamte naturalistische Romantik, das

Gebräu aus Empirismus und Mythologie, die ‚arbeitshypothetische' Tatsachenfiktion." F/M: *Moderne Sophistik* (1929; GS 3, 816); vgl. auch Nr. 182.
59 meine drei Fragelehrbücher] F/M: *Kant für Kinder. Fragelehrbuch zum sittlichen Unterricht*, Hannover: Steegemann 1924; Faks.-Ndr., mit einem Essay „Kants Kinder" v. Detlef Thiel u. einem Vorwort v. Hartmut Geerken, Hildesheim/Zürich/New York: Olms 2004; *Katechismus*. Bereits 1907 hatte F/M zwei populäre Bücher veröffentlicht: *Logik. Die Lehre vom Denken*, und: *Psychologie (Die Lehre von der Seele)* (beide in GS 5). Im Nachlaß liegt u. a. ein Typoskript: *Kant für Künstler. Fragelehrbuch zum Unterricht in den Elementen der Ästhetik* (1934).

Nr. 2 – zuckend aus unbekanntem Ursprung] „Von unbekannter Ursache hervorgerufen, fällt die Natur in unseren Geist hinein." *Mahnruf*, 75
wie durch Zeitlupe] „Die Tätigkeit unseres Ich ist ihm so innig zu eigen und geht so gedankenschnell vor sich, daß man Kant nicht genug bewundern kann, der sie wie mit einer Zeitlupe verlangsamt und unterscheidet" ... „Unser ursprünglichstes Tun ist so sehr eins mit uns, daß wir es nicht mehr von uns unterscheiden können; der Rest dieses Tuns ist nur eine langsame Nachträglichkeit"; *Katechismus*, 7 u. 24.
Lavoisier] Antoine Laurent de Lavoisier (Paris 1743-94), 1768 Mitglied der Académie des Sciences, untersuchte den Verbrennungsvorgang; sein Konzept der „Oxydation" stürzt die Phlogistontheorie. 1783 erklärte er vor der Akademie, daß Wasser aus der Verbindung von Wasserstoff und Sauerstoff (*oxygène*) bestehe. Seine *Méthode de nomenclature chimique* (1787) ist für die anorganische Chemie heute noch gültig. Steuerpächter, Bankier, Leiter der staatlichen Pulverfabrik, wird er 1794 von plündernden Schergen verhaftet und guillotiniert. – „Wie Lavoisier das Wasser, so zersetzte Kant die Erfahrung: ihre Form (Gesetze sowie Zeit und Raum) gehört unserem Intellekte an, ihr Gehalt entspringt geheimnisvoll." (F/M: *Ernst Barthel: „Vorstellung und Denken"*, 1932; GS 3, 849) „Freilich, der Lavoisier der Erfahrung, Kant, hat auf Albert Einstein noch keinen tiefen Eindruck gemacht, und so (wahrscheinlich gegen Einsteins Willen?)

dient dieser kleine Logiker und große Mathematicus der Moderne als Leithammel.“ (*Holzweg*, 65)

Nr. 4 – Spengler, Pannwitz ... Stirner] Oswald Spengler (Blankenburg, Harz 1880 - München 1936), seit 1910 Privatgelehrter in München; sein Werk *Der Untergang des Abendlandes. Umrisse einer Morphologie der Weltgeschichte* (2 Bde., München 1918 u. 1922), hat bis heute weltweite Wirkung. Spenglers Irrationalismus, Naturalismus und Fatalismus hat F/M stets scharf kritisiert; vgl. *Spenglers Tod* (1936; GS 3, 869).

Rudolf Pannwitz (Crossen, Oder 1881 - Astano bei Lugano 1969) gründet mit Otto zur Linde in Berlin 1904 die Dichtergruppe Charon; in der gleichnamigen Monatsschrift erscheinen bis 1908 viele Gedichte F/Ms. Ihm vermittelt Pannwitz die Bekanntschaft mit Simmel, doch wegen des Nietzschebuches kommt es zum Bruch. Seit 1921 lebt Pannwitz auf der Insel Kolocep vor Dubrovnik. 1933 aus der Preußischen Akademie der Wissenschaften (Sektion für Dichtkunst) ausgeschlossen. Seit 1948 im Tessin. Verkündet im Zarathustrastil eine übernationale Kultureinheit und einen aus antiken, nordischen, orientalischen Mythologien gespeisten atheistischen Pantheismus.

Max Stirner (Johann Caspar Schmidt; Bayreuth 1806 - Berlin 1856), Linkshegelianer; sein konsequenter Individualismus (*Der Einzige und sein Eigentum*, 1845) wird von F/M oft kritisiert: „Stirner, der Abgott aller solipsistischen Subjektivisten: alles Allgemeingültige nur noch Illusion“ (*Holzweg*, 74); vgl. auch *Stirner über Erziehung* (1917; GS 2, 518 ff.).

Nr. 5 – Geist sei Produkt der Materie] Vgl. Nr. 18. Damit ist der Epiphänomenalismus abgewiesen.

Nr. 8 – „Warum sollte eine Vernunft ...“] Marcus 1927, VI

Nr. 9 – eine hartnäckige Denkgewohnheit] Marcus 1927, 1 f. u. 4

Nr. 10 – mit Goethe zu reden] „Ihr Schauspiel ist immer neu, weil sie immer neue Zuschauer schafft. Leben ist ihre schönste Erfindung, und der Tod ist ihr Kunstgriff, viel Leben zu haben ...“ Goethe (zugeschrieben): *Die Natur* (1782/83)

Nr. 11 – Die Konstanz ... der reinen Sinnlichkeit] Marcus 1927, 5

Nr. 12 – Der apriorische Organismus ...] Marcus 1927, 8. Vgl. Nr. 46 sowie *Mahnruf*, 71: „Im *Ich* haben wir den Kern des apriorischen

Organismus. Ohne dieses Subjekt, sein Objekt und das beide sowohl trennende wie verbindende Bewußtsein erleben wir nichts."

Nr. 14 – Zeit und Raum sind kosmische Organe] Marcus 1927, 8, 34 ff. u. 47. „Kant hat nachgewiesen, daß der Weltraum kein Ding an sich, sondern unser Organ ist. Mit diesem *kosmischen* Organ stehen die Organe unseres Leibes, dessen Haut demnach nicht seine wahre Grenze ist, in *organischem* Zusammenhange." F/M: *Kant als Magier* (1922; GS 3, 715) – Kant wies strikt nach, „daß der Raum kein Ding an sich der Welt, sondern unser eigenes Erkenntnisorgan ist" (F/M: *Prismatische Malerei als Frucht der Goetheschen Farbenlehre*, 1923; GS 3, 727).

Nr. 18 – Geist ist ja keine Substanz, sondern eine Form] *forma dat esse rei:* die Form gibt das Sein des Dinges. Der Satz bildet einen roten Faden im Gewebe der abendländischen Philosophie. Er geht zurück auf Boethius, den spätrömischen Philosophen, der den Versuch unternahm, Platon und Aristoteles zu übersetzen (hingerichtet 529 n.C.): *„omne esse ex forma est aut forma est"* – alles Sein stammt aus der Form oder ist Form (Boethius 1988, 2). Der Satz *forma dat esse rei* ist fundamental für die Naturphilosophen der Schule von Chartres (12. Jh., Thierry von Chartres und andere Autoren), für Thomas von Aquin, Meister Eckhart und Cusanus (Cusanus 1973, n. 13, 43, 64 usw.). Der späte Kant wird ihn „den Scholastikern" zuschreiben und ihn im *Opus postumum* nicht weniger als 29 Mal zitieren: „In der Form besteht das Wesen der Sache [...], sofern dieses durch Vernunft erkannt werden soll" (Kant: *Von einem neuerdings erhobenen vornehmen Ton in der Philosophie* (1796), Ak VIII, 404); ein „Spruch der Scholastiker" (*Opus postumum*, Ak XXI, 641) usw. Vgl. Nr. 5.

Nr. 21 – Dieses sog. ‚Realitätsproblem' ...] Marcus 1927, 89 u. 99

Kants Fundamentalsatz] Marcus 1927, 94 Anm. Vgl. Nr. 33: „die Tatsache der unfehlbaren Gewißheit der apriorischen Form der Erfahrung"

Münchhausen] Dies und der Rest der Nr. nach Marcus 1927, 100 ff.

Nr. 22 – Leicht beieinander ...] „Leicht bei einander wohnen die Gedanken, / Doch hart im Raume stoßen sich die Sachen"; Schiller: *Wallensteins Tod*, II, 2. Auch zitiert in *Mahnruf*, 34.

Hätte Kopernikus die Umdrehung ...] Marcus 1927, 102; *Mahnruf*, 34

Allerweltszweifelei] Marcus ebd.; *Mahnruf*, 59 f.

Wer die Wirklichkeit der Welt bezweifelt ...] fast wörtlich wiederholt aus F/M: *Kants Zeit- und Raumlehre* (1928; GS 3, 799)

Nr. 23 – So wenig man die Existenz eines Rockes ...] Marcus 1927, 109

Nr. 25 – Unsere Urteilskraft hat zweierlei Funktionen ...] Marcus 1927, 125

Nr. 26 – dieses Mißbrauchs der Reflexion] Marcus 1927, 128 f.

„Zuerst erklärt man die kinetische Relativität ..."] Marcus 1927, 130 Anm. Auch zitiert in F/M: *Kants Zeit- und Raumlehre* (1928; GS 3, 799)

Nr. 27 – „Naturvorgänge erklären sich ..."] „Wenn ein Naturnovum auftritt, muß ein ihm entsprechendes Begriffsnovum *induziert* werden." Marcus 1927, 132

Nr. 29 – „ein Gassenhauer zu einer Beethovenschen Symphonie"] Marcus (nicht ermittelt)

Nr. 32-33] nach Marcus 1927, 135-138

Nr. 33 – die Tatsache der unfehlbaren Gewißheit ...] Vgl. Nr. 21: „Kants Fundamentalsatz"

Nr. 34 – die Freiheit des Willens keine bloße „Idee"] Marcus 1927, 142 Anm.

Nr. 36 – Intuitionen, Inspirationen ...] Marcus 1927, 126

eine unmerkliche Prognosis] Marcus ebd. 142 Anm. Vgl. Nr. 255: „Bewegungsprognosis"

Nr. 37 – der berechtigte Kern des Empirismus] Marcus 1927, 147

Nr. 38 – geistig so sparsam wie möglich] Marcus 1927, 147 f. nennt das auch *lex parsimoniae intellectus* (Gesetz der Sparsamkeit der Vernunft). Es handelt sich um einen weiteren roten Faden in der Geschichte abendländischer Philosophie. Kant weist darauf hin, „daß die Vernunft im Schließen die große Mannigfaltigkeit der Erkenntnis des Verstandes auf die kleinste Zahl der Prinzipien (allgemeiner Bedingungen) zu bringen und dadurch die höchste Einheit derselben zu bewirken suche" (KrV A 305, B 361). Er empfiehlt, mit den Begriffen und den ihnen anpassenden Worten „nicht verschwenderisch umzugehen", sondern ihnen ihre eigentümliche „Bedeutung sorgfältig aufzubehalten" (KrV A 312 f., B 369). Er verweist auf die bekannte „Schulregel", „daß man die Anfänge (Prinzipien) nicht ohne Not vervielfältigen müsse (entia praeter necessitatem non esse multiplicanda)" (KrV A 652, B 680). Vgl. *Kritik der Urteilskraft*, Einleitung, A XXIX, B XXXI („Sentenzen der metaphysischen Weisheit") sowie *Bestimmung des Begriffs einer Menschenrasse* (Ak VIII, 96). Diese Regel ist bekannt als ‚Ockhams Rasiermesser' (*rasorium*): *frustra fit per plura quod potest fieri per pauciora* – Überflüssigerweise wird etwas durch mehrere gemacht, was durch wenigere gemacht werden kann. Die bekannteste Stelle in der 1323 beendeten *Summa Logicae*, I, 12 (Ockham 1984, 58 f.). Der Gedanke geht zurück auf Aristoteles' Rat, besser eine begrenzte Anzahl von Grundstoffen anzunehmen, nämlich vier (wie Empedokles), nicht unendlich viele (wie Anaxagoras); Aristoteles: *Physik,* I 4, 188 a 18 f. und I 6, 189 a 15-17.

Nr. 39 – „Hegel"] Marcus 1927, 148

Nr. 40 – Lüge] Marcus 1927, 149

Nr. 43 – Schon das Kind ...] Marcus 1927, 65

Und auf dieser naiven ... laienhaften Erfahrung] Vgl. Nr. 51 sowie Marcus 1927, 108. „Erfahrung soll bei Kant eine Methode und zwar die der Naturwissenschaft bedeuten [...]. Es ergibt sich aber deutlich aus der Kritik (vergl. die Deduktion der Analogien), daß Kant die elementare (gemeine) Erfahrung im Sinne hat, denn er zeigt, wie diese aus der Verbindung (Synthese) der Sinneseindrücke zu Stande kommt. Dagegen hat es die Naturwissenschaft mit der Verbindung *bereits fertiger* elementarer Erfahrungen (z. B. Körper, Sonne, Mond, Sterne, Erde) zu tun. Wer nicht weiß, was Kant unter Erfahrung versteht, der ist ganz unfähig, ihn zu verstehen." (Marcus 1922a) „Es ist von vornherein klar, daß ohne die Grundlage der elementaren (oder gemeinen) Erfahrung, die uns die Umgebung, die Körperwelt, Erde, Sonne, Mond, Sterne, die Bedarfsgegenstände des Lebens, ja unsern eigenen Leib, erkennbar macht, keine Naturwissenschaft, ja kein Naturforscher, daher auch kein Einstein und keine Rel.-Th. möglich wäre." (Marcus 1922b)

Nr. 46 – apriorischen Organismus unseres Intellekts] Vgl. Nr. 12

Nr. 47 – wird in deiner Nähe ein Geschütz abgefeuert ...] Marcus 1922b zeigt anhand dieses (fatalen) Beispiels, daß Einstein die Identität zweier verschiedener Ereignisse fingiert.

Nr. 48 – wenn ich aus realen sechzehnmaldrei Äpfeln ...] „Wenn ich 16mal 3 Äpfel ausrechnen soll, so leidet die Rechnung nicht, wenn ich fingiere, es seien 3mal 16 Äpfel.“ Marcus 1922b, Anm.

Nr. 50 – eine neue naturwissenschaftliche Hypothese ...] Vgl. Nr. 26

Nr. 51 – der *fertigen* elementaren Erfahrung] Vgl. Nr. 43

Moszkowski] Alexander Moszkowski (Pilica, Polen 1851 - Berlin 1934), Musikredakteur, Satiriker und Kulturphilosoph in Berlin. Sein Buch *Sokrates der Idiot* wird von F/M verrissen (1918; GS 3, 558 ff.). Im Januar 1917 nahm Moszkowski Kontakt zu Einstein auf (vgl. CP 8, 381 ff.), schrieb dessen erste Biographie (Moszkowski 1921), die aber keineswegs Einsteins Billigung fand; vgl. Hentschel 1990, 55 ff. u. 80 ff. Marcus (April 1922) bemerkt: Das Buch werde „für diejenigen, die an einer Popularisierung naturwissenschaftliche Erfolge und an Anekdoten aus diesem Gebiete Gefallen finden, nicht weniger leisten, als ein unterhaltender Detektivroman.“ F/M verschärft diese Kritik: „Ein Trialog zwischen Aribert Neinstein, seiner schwärmerischen Anbeterin Alexandrine Moszkowska und Sucram [= Marcus] machte Sensation. Alexandrine – Air des femininsten Eckermann (?) dieses mathematischen Goethe (?) – hatte eine Postille mit Gesprächen und detektivromanartigen (vermeintlichen) Konsequenzen der Neinsteinschen Lehre angefüllt, gegen welche Scharteke jetzt nicht nur Sucram, sondern zu böser Letzt gar Neinstein selber protestierte.“ *Graue Magie,* 278 f.; ebd. 245 f.: „Koszmowski“; *Holzweg,* 34: „Einsteins Bandwurm Moszkowski“.

Nr. 52 – auch auf physikalischem Gebiet unheilbar] Marcus 1926d, 14, als Ergebnis einer genauen Beweisführung. Im „Nachtrag“ (ebd. 31) vermerkt Marcus, Oskar Kraus sei in seinem *Offenen Brief* schon vorher zum selben Ergebnis gelangt. Vgl. auch Marcus 1926a.

O. Kraus] Oscar Kraus (Prag 1872 - Oxford 1942), promoviert 1893 in Jura, Schüler von Anton Marty und Franz Brentano, arbeitet seit 1896 in der Finanzprokuratur. 1902 Habilitation in Philosophie, Konversion zum Protestantismus. 1909 ao., 1916 o. Professor der Philosophie in Prag. Seit 1922 Nachlaßverwalter Brentanos und

Herausgeber zahlreicher seiner Texte. 1938 emeritiert, im März 1939 von den deutschen Truppen verhaftet, sechs Wochen im Gefängnis, Flucht nach England. Hält 1941 in Edinburgh die Gifford Lectures. *Offene Briefe an Albert Einstein und Max v. Laue über die gedanklichen Grundlagen der speziellen und allgemeinen RT*, Wien: Braumüller 1925. In Marcus' Nachlaß liegen Briefe an Kraus (ULB).

wie Thedinga illustriert] Eddo Thedinga, promoviert 1910 in Jura, schrieb: *Einstein und wir Laien. Wege zu einer neuen Licht-Theorie*, Leipzig: Hillmann 1922 (56 S.), sowie *Einstein's Wunderglaube*, ebd. 1927 (16 S.). Auszüge in *Hundert Autoren*, 78 u. 100.

Nr. 53 – Marcus' Kritik] Marcus 1926d, 4-16

das Michelson-Morley-Experiment] Marcus 1926d, 5 ff. zur „Lorentz-Theorie". Das von James Clerk Maxwell (1831-79) vorgeschlagene und von den amerikanischen Physikern Albert A. Michelson (1852-1931, Nobelpreis 1907) und Edward W. Morley (1838-1923) in Cleveland, Ohio durchgeführte Experiment sollte mit Hilfe eines Interferometers zwei Lichtgeschwindigkeiten vergleichen: diejenige in Richtung zur Erdbewegung mit derjenigen im rechten Winkel zur ihr. Aber statt des erwarteten Ergebnisses, daß erstere größer sei – was auf eine gewisse Wirkung des Äthers hätte schließen lassen –, zeigte sich keinerlei Unterschied. Vgl. Michelson & Morley: *On the Relative Motion of the Earth and the Luminiferous Ether*, American Journal of Science 34 (1887), 333-345.

das Fizeau-Experiment] Marcus 1926d erwähnt es nur. Armand Hippolyte Louis Fizeau (1819-96) berechnete 1849 die Lichtgeschwindigkeit (c = 2 s/t) mit 313.350 km/s. Der Wert kommt bis auf 5 Prozent dem heute gültigen von 299.792,458 km/s nahe.

eine neue Lichthypothese] Vgl. zu Nr. 241-242

Nr. 54 – In der Naturwissenschaft vollkommen geschult ...] „Die vollkommenste Schulung in der Naturwissenschaft schließt die vollkommenste Ignoranz auf dem Gebiete der Vernunft-Wissenschaft nicht aus." (Marcus 1924)

Nr. 56 – Cohen, Cassirer usw.] Hermann Cohen (Coswig, Anhalt 1842 - Berlin 1918), studiert Philosophie und Philologie in Breslau und Berlin (hier gefördert durch Heyman Steinthal, einen Vetter von F/Ms Vater). 1865 Promotion in Halle, 1873 Habilitation in Marburg. Dort seit 1876 Prof. f. Philosophie, seit 1912 Dozent an der Lehranstalt des Judentums, Berlin. Mit Paul Natorp und Ernst Cassirer Haupt des Marburger Neukantianismus. Er stattet 1905 Marcus einen Besuch ab, bei dem die grundsätzlichen Differenzen nicht ausgeräumt werden (vgl. Lüdtke 1989, 24-31 u. 141 ff.). So schreibt Marcus über Heußners *Hilfsbüchlein für Kant-Leser*: „Das Buch fördert nicht nur nicht das Verständnis, sondern ruft im gläubigen Leser Irrtümer hervor, die ihm das Verständnis Kants unmöglich machen. Der Verfasser hat sich die bedauerlichen Fehler Cohens (der Marburger Schule) zu eigen gemacht, denen ich schon anderwärts entgegentrat." Marcus 1922a.

Ernst Cassirer (Breslau 1874 - New York 1945) promoviert 1899 in Marburg, habilitiert sich 1906 in Berlin; 1919 Prof. f. Philosophie an der neugegründeten Hamburger Universität. Emigriert im März 1933 nach Oxford, 1935 Göteborg, 1941 New Haven (Yale University), 1944 New York. Seit 1921 mit Einstein persönlich bekannt, veröffentlicht er im selben Jahr ein Buch über ihn, das von diesem gelesen und diskutiert wird: *Zu Einsteins RT. Erkenntnistheoretische Betrachtungen*, 1921; Ndr. in Cassirer: *Zur modernen Physik*, Darmstadt 1957 u. ö.; Ndr. Hamburg 2001 (Gesammelte Werke. Hamburger Ausgabe, Bd. 10); 1922 russische, 1923 japanische Übersetzung. Über dieses Buch urteilt Marcus: Es folge der Cohenschen Auslegung der Kritik (der reinen Vernunft). „Man sieht hier, wie der Verfasser vor den Thesen der ‚modernen' Naturwissenschaft zurückweicht, wie er Kantische Sätze verbiegt, um sie mit dieser in Übereinstimmung zu bringen. [...] Das Beispiel Cassirers ist nur eins von vielen; es gibt hier so viel Meinungen, wie Köpfe." (Marcus 1927, V). F/M übernimmt das Urteil: „Cassirer, der Kant Gewalt antut, um ihn auf Einstein zu reimen" ... „Verlangt man, daß der Intellekt sich nach der Natur richten solle, so stellt man Kant auf den Kopf. Gegen diese Perversion hat sogar Einstein selber Kant in Schutz genommen: – er verwarf diese Auffassung der Marburger Schule, die er leider statt Kants eigener kennen lernte, so daß er – konsequenter als Cassirer – Kants Normen völlig preisgab." *Mahnruf*, 28 u. 63.

(Heft 24 der Deutsch. Lit.-Ztg. 1925)] Der Hinweis stammt von Marcus 1925a. Dort ist der Jahrgang richtig angegeben: 1924. In seiner ausführlichen Rezension zu Alfred C. Elsbach (*Kant und Ein-*

stein, Berlin/Leipzig 1924) erklärt Marcus, der Verfasser, Privatdozent in Utrecht, sei „das Opfer einer der zahlreichen ‚Kant-Auffassungen' geworden, die mit der Kritik nicht übereinstimmen; er legt die Interpretation Cohens (der Marburger Schule) zugrunde und zwar mit derjenigen Modifikation, die sie durch Cassirer erhalten hat. Daß diese Interpretation nicht nur etwa in Einzelheiten von Kant abweicht, sondern gerade das Gegenteil von dessen Lehre enthält, daß es die Lehre auf den Kopf stellt, läßt sich sehr einfach beweisen. Der Nachweis mag denen, die zu Kant wollen, zur Warnung dienen." Nachdem er Kants „Revolutions-Prinzip", seinen Apriorismus und seine „kopernikanische Umkehrung" dargelegt hat, fährt Marcus fort: „Und nun sehe man sich die Interpretation der Marburger Schule an, die auch als ‚Neu-Kantianismus' bezeichnet wird. Sie behauptet, die apriorischen Vorstellungen Kants seien von der Naturwissenschaft entlehnt, müßten sich folglich dieser gemäß (also wohl auch ihren Irrtümern gemäß?) umwandeln. Wie haben also eine radikale antikopernikanische Umkehrung, eine deutliche Rückkehr zum Ptolemaeus vor uns. Der ‚Neu-Kantianismus' enthüllt sich als Anti-Kantianismus. Und dieses System wird nicht für ein neues System, sondern – man staune – für eine Interpretation Kants ausgegeben, und eine ganze Generation folgt dieser ‚Kant-Auffassung', durch die die große Lehre zur Nachläuferin der wechselnden Moden der Naturwissenschaft gemacht wird." (Marcus 1925a)
Bei dem genannten Text Einsteins handelt es sich ebenfalls um eine, freilich wohlwollende, Rezension von Elsbach. Daraus gibt Marcus ein Zitat, in dem er „eine wohl begründete und sehr erfreuliche Verwerfung des Marburger Systems" erkennt: „Nach meiner Überzeugung war es Kants und aller Kantianer Ziel, diejenigen apriorischen (d. h. nicht aus der Erfahrung deduzierbaren) Begriffe und Relationen aufzufinden, welche *jeder* Naturwissenschaft zugrunde liegen *müssen,* weil ohne sie Naturwissenschaft überhaupt nicht denkbar ist. [...] Kant hielt dies Ziel für erreichbar und glaubte es erreicht zu haben. Hält man aber dies Ziel nicht für erreichbar, so sollte man sich wohl nicht ‚Kantianer' nennen." (Einstein 1924, 1688) Marcus korrigiert: Kant zeigt die Bedingungen nicht der Naturwissenschaft, sondern der elementaren Erfahrung, ohne welche kein Naturwissenschaftler antreten kann. Vgl. auch Marcus 1922b.

Prolegomena] Kant: *Prolegomena zu einer jeden künftigen Metaphysik die als Wissenschaft wird auftreten können,* Riga 1783, Ndr. in Ak IV
Es gibt gar keinen „euklidischen" Raum ...] Marcus 1927, 70
Nr. 57 – Die Ergebnisse der Mathematik ...] „Die Methode der Mathematik ist auf die Physik so wenig anwendbar wie auf die Philosophie, in der sie Spinoza bekanntlich zu verwenden suchte. Anwendbar auf die Physik sind die *Ergebnisse* der Mathematik, nicht aber ihre *Methoden.*" (Marcus 1926c) Das Verhältnis von Mathematik und Metaphysik bzw. Philosophie wurde im 18. Jh. sehr intensiv diskutiert. Kant nimmt dazu Stellung, etwa in seiner Preisschrift *Untersuchung über die Deutlichkeit der Grundsätze der natürlichen Theologie und der Moral* (1764; Ndr. in Ak II), etwa „§ 1. Die Mathematik gelangt zu allen ihren Definitionen synthetisch, die Philosophie aber analytisch."
Der Physiker soll frei vom Zwang jeder Methode arbeiten] Marcus 1927, 143 f.; Marcus 1926c. Vgl. Nr. 181. Die Freiheit und Originalität des – unmittelbaren, d. h. noch nicht reflektierenden – Denkens soll nicht durch methodische Denkgewohnheiten irritiert werden. Marcus und F/M nehmen damit Paul Feyerabend vorweg: „Wer sich dem reichen, von der Geschichte gelieferten Material zuwendet und es nicht darauf abgesehen hat, es zu verdünnen, um seine niedrigen Instinkte zu befriedigen, nämlich die Sucht nach geistiger Sicherheit in Form von Klarheit, Präzision, ‚Objektivität', ‚Wahrheit', der wird einsehen, daß es nur *einen* Grundsatz gibt, der sich unter *allen* Umständen und in *allen* Stadien der menschlichen Entwicklung vertreten läßt. Es ist der Grundsatz: *Anything goes (Mach, was du willst).*" (Feyerabend 1976, 46) Das wurde gelegentlich mißverstanden als Empfehlung opportunistischer Beliebigkeit und chaotischer Prinzipienlosigkeit – also eben dessen, wogegen Marcus und F/M so erbittert kämpfen. Doch Feyerabend präzisiert: „‚Anything goes' ist nicht das eine und einzige ‚Prinzip' einer neuen von mir empfohlenen Methodologie. Ich empfehle keine ‚Methodologie', ganz im Gegenteil, ich betone, daß die Erfindung, Überprüfung, Anwendung methodologischer Regeln und Maßstäbe die Sache der konkreten wissenschaftlichen Forschung und nicht des philosophischen Träumens ist. Philosophen haben in der Methodologie nichts zu suchen, außer sie nehmen an der wissenschaftlichen Forschung

selbst teil.“ Entscheidend ist nicht eine abstrakte Wahrheit, sondern die konkrete Praktikabilität und der Beitrag zum „Glück der Menschen“ – der im Falle „eines Kant, eines Einstein und ihrer farblosen Imitatoren“ sehr gering sei: „Ich habe nicht die Absicht, ein Menge allgemeiner Regeln durch eine andere zu ersetzen; meine Absicht ist vielmehr, den Leser davon zu überzeugen, daß alle Methodologien, auch die einleuchtendsten, ihre Grenzen haben.“ (Feyerabend 1980, 97, 240 u. 80) Wie Marcus und F/M wendet sich Feyerabend gegen die Trennung von Wissenschaft und Kunst, gegen Expertokratie und akademische Allüren.

Nr. 59 – in jeder besonderen Naturlehre – das sieht Kant a priori ein ...] Der Satz wird in Nr. 69 wiederholt. Zugrunde liegt Kants Behauptung: „daß in jeder besonderen Naturlehre nur so viel *eigentliche* Wissenschaft angetroffen werden könne, als darin *Mathematik* anzutreffen ist.“ (MAN 470, Vorrede) Das ist, wie der Herausgeber, Alois Höfler, anmerkt, „der aus der ganzen Schrift wohl am häufigsten citierte Satz“ (Ak IV, 638). Doch Kant hat wohl kaum gewußt, in welche Tradition er sich mit seiner Behauptung stellt. Um nur ein prominentes Beispiel anzugeben: *„Si igitur recte consideravimus, nihil certi habemus in nostra scientia nisi nostram mathematicam ...“* – „Wenn wir also die Sache recht betrachtet haben, so besitzen wir nichts Sicheres in unserem Wissen außer unsere Mathematik ...“ Das sagt einer der drei Unterredner im *Trialogus de possest*, 1462 verfaßt von Nikolaus Cusanus (n. 44). – Der von Marcus kritisierte Hermann Cohen hält diesen Satz für das Fundament der cusanischen Philosophie: Die Mathematik sei nicht bloß ein Produkt unter anderen, sie sei unser Bewußtsein selbst. Jener Satz war „die echte Erneuerung des Platonismus; der erste Sonnenstrahl der Renaissance“. Ohne die genauen „Kanäle“ angeben zu können – sie seien „leider verschüttet“ –, zieht Cohen die Linie des so verstandenen Mathematismus über Descartes und Leibniz bis zu Kant (Cohen 1904, 473 f.). Zehn Jahre später betont er das von Descartes aufgenommene Motiv der Gewißheit: Sie sei begründet in der „Mathematik, die ‚wir‘ sind, die unseren Geist ausmacht: in der wir daher die Gewißheit der Erkenntnis, unserer Erkenntnis begründen müssen, begründen dürfen.“ (Cohen 1914, 530 f.) Und nochmals: Cusanus „sucht Gewißheit in der Erkenntnis, und er findet das Prinzip der Gewißheit in der Mathematik, deren Erneuerung er herbeiführte. Der mathematische Begriff des *Unendlichen* wird ihm der Angelpunkt wissenschaftlicher Erkenntnis. So geht von ihm die zwar in ihren Kanälen verschüttete, nichtsdestoweniger aber sichere Strömung zu *Galilei* und *Leibniz.* Das Endliche wird am Unendlichen gemessen." (Cohen 1914b, 32) – Ernst Hoffmann vermerkt, die Cusanus-Stelle sei im Zusammenhang des ganzen Trialogs zu lesen, nämlich im Kontext eines christlichen Pythagoreismus, d. h. der Lehre, daß das Buch der Natur in mathematischen Formeln verfaßt sei. Cusanus vollziehe hier den Schritt von der Intuition des Absoluten zum Versuch eines symbolischen Begreifens der Welt, deshalb erscheine er oft als Philosoph der mathematischen Spekulation (Cusanus 1929, 46).

Nr. 60 – alles Krumme und Grade ist Figur *im* Raum] Marcus 1927, 70 f.

Nr. 62 – Reichenbach] Hans Reichenbach (Hamburg 1891 - Los Angeles 1953), studiert ab 1910 Bauingenieurwesen an der TH Stuttgart, dann Mathematik, Physik und Philosophie in Berlin, München und Göttingen. 1915 Promotion in Erlangen in Philosophie, dann bis 1917 Kriegsdienst an der russischen Front. 1920 Habilitation an der TH Stuttgart, dort Privatdozent, 1926 Prof. f. Philosophie in Berlin. Einer der führenden Neopositivisten, Ausgestalter der Wahrscheinlichkeitstheorie, Mitbegründer des Wiener Kreises und der Gesellschaft für Empirische Philosophie Berlin sowie, mit Rudolf Carnap, der Zeitschrift *Erkenntnis* (1930, als Fortsetzung von Hans Vaihingers *Annalen der Philosophie und philosophischen Kritik;* diese brachten Kurzrezensionen zu Marcus sowie zu F/Ms *Schöpferische Indifferenz* und *Katechismus*). Reichenbach emigriert 1933 nach Istanbul, 1938 USA; Prof. an der South California University, Los Angeles. Seine Rundfunkvorträge vom Winter 1929/30 erschienen als Buch: *Atom und Kosmos. Das physikalische Weltbild der Gegenwart,* Berlin 1930.

Nr. 69 – In jeder besonderen Naturlehre ...] Vgl. Nr. 59

Nr. 111 – „nur ein verstecktes Spiel ..."] MAN, Dynamik, Lehrsatz 7, Anm. 1 (Ak IV, 513)

Nr. 127 – „Alles, was uns dem Bedürfnis überhebt ..."] MAN, Allgemeine Anm. zur Dynamik (Ak IV, 532)

Nr. 156 – also eine Unmöglichkeit, Unerfahrbarkeit] Zusatz von F/M

Nr. 166 – Übergang von der Physiologie zur Physik] Zusammenfassung von Marcus' Theorie der exzentrischen Empfindung. Marcus 1926, 19 f. geht kurz darauf ein: Er sei bereits 1892 durch einen Einfall auf das Problem gestoßen, habe es aber erst 25 Jahre später ausformuliert (Marcus 1918); jener Einfall diene ihm nun zur Entwicklung einer neuen Hypothese der Lichtausbreitung. Die Theorie wird nochmals umrissen in Marcus 1927, 13 ff.

Nr. 167 – Ohne die sinnlichen bleiben die begrifflichen hohl ...] Variation von Kants berühmtem Satz: „Gedanken ohne Inhalt sind leer, Anschauungen ohne Begriffe sind blind." (KrV A 51, B 75)

Nr. 171 – Die Axiome beruhen auf der vom Raum ...] Vgl. Marcus 1927, 42 ff. u. 58 ff.

Metageometrie] Die von Bernhard Riemann (1826-66) in seinem Habilitationsvortrag 1854 entwickelten Grundideen („Riemannscher Raum" als n-dimensionale Mannigfaltigkeit usw.) waren wichtig für Einstein.

Nr. 176 – „Mathematische Formeln erreichen niemals ..."] „Die Unterscheidung von Begriffen kann man durch Mathematik nicht erlernen." (Marcus 1927, 87)

Nr. 181 – Trotzdem gönnen sich die Empiristen ...] Zur Methodenfrage vgl. Nr. 57 sowie Marcus 1927, 143 f. Dort und in Marcus 1926c Kritik an Reichenbachs *Axiomatik der relativistischen Zeit-Raumlehre* von 1924.

Goethe] „Hiezu kam noch der ehrwürdige Schein einer mathematischen Behandlung, womit er das Ganze aufzustutzen wußte." Goethe: *Die Farbenlehre* (1808), Des ersten Bandes zweiter, polemischer Teil, Einleitung, Nr. 7.

Nr. 182 – „Auch die Inquisition ..."] Marcus 1927, 146

Nr. 192-193 nach Marcus 1932, 92 f.

Nr. 193 – „eine Handvoll dummdreister, unverantwortlicher Gelehrter ..."] Marcus 1932, 93. Auch zitiert in F/M: *Gedanken zur ethischen Logik* (1931; GS 3, 827).

Nr. 199 – Ab hier bis Nr. 248 inklusive hält sich F/M an Marcus 1927, 197-239. Mit diesem Lehrstück, entwickelt aus Kants *Opus postumum,* erneuert Marcus eine bestimmte Phase in der Geschichte des Äthermotivs, die allerdings bislang kaum wahrgenommen wurde: Kants Nachlaßwerk war nicht angemessen ediert, geschweige interpretiert. Die Äthertheorie ist, wie Marcus selbst bemerkt, „aber auch so *grotesk unglaubwürdig,* daß sie – vielleicht mit der Wahrheit übereinstimmt. Sie besteht in einer Umkehrung, gegen welche die des Kopernikus ein Kinderspiel ist." (Marcus 1927, 209; zitiert von F/M: *Kants Zeit- und Raumlehre,* 1928; GS 3, 801) An einer Abhandlung von Philipp Lenard lobt Marcus (1922b), daß der Verfasser „mit guten Gründen der Ätherhypothese das Wort redet, daß er zwei Arten von Weltbildern unterscheidet, die mathematische und die dynamische und das Fehlen der letzteren in der Rel.-Th. mit Recht rügt" usw. Hatte Marcus übersehen, daß Lenard (Nobelpreis 1905) um 1920 die RT als „jüdische Physik" und als Teil einer jüdischen Weltverschwörung diffamierte? In Marcus' Nachlaß liegt der Entwurf eines Briefes an Lenard vom 13. Dez. 1925 (ULB). 1936/37 erschien jene berüchtigte *Deutsche Physik* (4 Bde.), verfaßt von Lenard und Johannes Stark (Nobelpreis 1919); dieser agitierte auch gegen Planck, Laue, Heisenberg, produzierte Hetzartikel im *Völkischen Beobachter* usw. Doch blieben Lenard und Stark Außenseiter; ihre Sache war durch das Münchner Gespräch vom Nov. 1940 und die anschließend unterzeichneten Vereinbarungen offiziell erledigt. Vgl. Richter 1980, 127 f. – Zweifellos wußte Marcus, welche Rolle der Äther in der Physik des 19. Jhs. gespielt hatte, doch wollte er mit seiner Ausgestaltung Kantischer Vorgaben nicht primär gegen Einsteins Versuche angehen, den Äther zu eliminieren. Dieser schrieb zu Beginn seiner berühmten Abhandlung von 1905: „Die Einführung eines ‚Lichtäthers' wird sich insofern als überflüssig erweisen, als nach der zu entwickelnden Auffassung weder ein mit besonderen Eigenschaften ausgestatteter ‚absolut ruhender Raum' eingeführt, noch einem Punkte des leeren Raumes, in welchem elektromagnetische Prozesse stattfinden, ein Geschwindigkeitsvektor zugeordnet wird." (Einstein 1905, 892) Doch ist das keineswegs Einsteins letztes Wort. 1920 erklärt er: „Man kann die Existenz eines Äthers annehmen; nur muß man darauf verzichten, ihm einen bestimmten Bewegungszustand zuzuschreiben, d. h. man muß ihm durch Abstraktion [!] das letzte mechanische Merkmal nehmen, welches ihm Lorentz noch gelassen hatte." ... „Das spezielle Relativitätsprinzip verbietet uns, den Äther als aus zeitlich verfolgbaren Teilchen bestehend anzunehmen, aber die Ätherhypothese an sich widerstreitet der speziellen RT nicht." ... Unser „heutiges Weltbild" kennt zwei „Realitäten": „Gravitationsäther und elektromagnetisches Feld oder – wie man sie auch nennen könnte – Raum und Materie." (Einstein 1920, 9, 10 u. 14) Einstein bricht also nicht einfach und radikal mit der langen und verwickelten Geschichte des Äthermotivs. Sie ist etwa im *Encyclopaedia Britannica*-Artikel *Ether* von James Clerk Maxwell skizziert (Maxwell 1879, 568 f.; Platon, Descartes, Huygens, Newton) oder von Ehrenfest (1913): Newtons Emissionstheorie des Lichtes wird durch die Äthertheorien von Maxwell und Hertz ersetzt; die Hypothese vom mitbewegten Äther (Stokes, Hertz) durch die vom feststehenden (Fresnel, Lorentz) usw. Vgl. auch in dem von Blasche (1991) eingeleiteten Band *Übergang* die Beiträge von Martin Carrier und Vittorio Mathieu.

Nr. 219 – Kommentar eines Antikantianers] Erich Adickes: *Kants opus postumum, dargestellt und beurteilt,* Berlin: Reuther & Reichard 1920 (Kant-Studien Ergänzungshefte, Nr. 50; XX+855 S.), Ndr. Vaduz: Topos 1978. Dazu Marcus: *Kant und der Äther* (FZ 31. Aug. 1921, Literaturblatt Nr. 18.

Die Formulierung „Kommentar einer Antikantianers" nach Marcus 1927, 199. Dort folgende Anmerkung zu Kants *Opus postumum:* „Das Werk soll in Kürze veröffentlicht werden. Eine (nach Adickes unvollständige) Publikation ist von Reicke in der Altpreußischen Monatsschrift veranstaltet worden. Sie ist mir von dem verdienten Kantforscher Otto Schöndörffer (Königsberg) und nach seinem Tode von seiner Frau Gemahlin zur Verfügung gestellt worden. Nur dieser Freundlichkeit verdanke ich ihre Kenntnis. Die von Adickes herausgegebene Beurteilung verfehlt das Wesen der Theorie. Übrigens wird man in dem Werke nicht so leicht finden, was ich heraushole." Rudolf Reickes Edition des *Opus postumum* erschien 1882-84 in der *Altpreußischen Monatsschrift* unter dem Titel *Ein ungedrucktes Werk von Kant aus seinen letzten Lebensjahren.* Bei der von Marcus gemeinten Veröffentlichung handelt es sich um die beiden von Gerhard Lehmann und Artur Buchenau 1936 und 1938 edierten Bände (Ak XXI u. XXII). Den ersten Band hat F/M besprochen

(*Der posthume Kant,* 1936; GS 3, 871 f.). Die Ausgabe ist zwar umfangreicher als diejenige Reickes, aber noch keineswegs angemessen; neue Edition in Vorbereitung.

Marcus hat auch Adickes' zweites umfangreiche Werk scharf kritisiert – Erich Adickes: *Kant als Naturforscher*, 2 Bde., Berlin: de Gruyter 1924/25 (XX+378 S., VIII+494 S.): „Der Verfasser stellt sich bei seiner Beurteilung auf den – keineswegs unstreitigen – Standpunkt der herrschenden Ansicht der Naturwissenschaft und damit des Empirismus. Eine *entscheidende* Ablehnung ist von diesem Standpunkt aus gar nicht möglich. Denn danach sind alle Sätze der Naturwissenschaft wandelbar; sie können jederzeit als ‚Denkgewohnheiten' beiseite geschoben werden (siehe die Rel.-Theorie), d. h. sie sind insgesamt problematisch, daher ist die Behauptung des Verfassers, Kants Thesen seien falsch, unbeweisbar, folglich *wissenschaftlich* unhaltbar. Seine unbewiesenen Behauptungen hätte der Verfasser nicht als kategorisch gültig hinstellen dürfen. Er konnte höchstens feststellen, daß und welche Thesen Kants mit der „modernen" Naturwissenschaft nicht übereinstimmen. Hier war für den Geschichtsschreiber die peinlichste Reserve geboten. Statt dessen finden wir, daß das Prinzip der Unparteilichkeit ignoriert wird, so daß der Titel des Werkes hätte lauten müssen: ‚*Gegen* Kant als Naturforscher'." Marcus empfiehlt Adickes, seine verfehlte Kritik in einer folgenden Auflage ganz auszuscheiden, „dann hätten wir ein Werk vor uns, das eine Lücke in der Geschichte Kantscher Entwicklung in vorzüglicher Art ausfüllte." (Marcus 1926b) Ein ähnliches Urteil fällt Gerhard Lehmann (Ak XXII, 770 ff.).

Nr. 222 – „nicht beigesellet, sondern untergeordnet sein"] Kant: *Opus postumum* (Altpreuß. Monatsschrift 21, 1884, 147), zitiert nach Marcus 1927, 209 Anm.

Nr. 237 – *Organische* Physik] Empfindungen sind „nach unserer Theorie, ebenso wie die Körperwelt und ihre Veränderungen, *Natur*-Erscheinungen, und zwar Erscheinungen der *organischen* Physik, welche als abgegrenzte, systematische Wissenschaft noch nicht existiert." Marcus 1927, 224

Nr. 241 – Licht-, Wärme-, Gravitationsstreifen] Vgl. Nr. 53 sowie Marcus 1927, 229 ff. und F/M: *Albert Einstein endgültig widerlegt*

(1925; GS 3, 748-751). Marcus 1926d, 20 ff. entwickelt analog zur Gravitation oder zur Polarität eine „Polarhypothese“, nach der an der Lichtausstrahlung nicht nur der Emittent kausal beteiligt ist, sondern auch der Rezipient. Damit fiele die Vorstellung weg, als ob z. B. „die Sonne exzentrisch in Kugelradien nach allen Richtungen des Raumes Lichtstrahlen emittiere“. Stattdessen würde „nur je ein kegelförmiges Strahlenbündel von der Sonne zur Erde, zu jedem Planeten, zu jedem Fixstern emittiert werden, *so daß die Weltkörper durch Lichtstreifen verbunden sein würden*“. Marcus' Hypothese soll insbesondere den für Einstein unverzichtbaren absoluten Charakter der Lichtbewegung aufheben bzw. relativieren: Letztere wäre „eine an die Bewegungen der Körperwelt gebundene Transmission zwischen zwei Körpern“ (ebd. 23). Liegt darin eine spekulative Antizipation der seit den 1970er Jahren entwickelten Theorie der *strings* bzw. *superstrings?* Das seien, behaupten etwa John Schwarz, Michael Green, Edward Witten (Nobelpreis 1990) oder Brian Greene, winzigste eindimensionale Energiefädchen, schwingende Saiten. Das „solare Plasma“ soll die gesuchte Verbindung von RT und Quantenmechanik ergeben.
Nr. 243 – Radio-Emanationen ...] Marcus 1927, 235
Nr. 244 – *ein Mathematiker, der auch Dynamiker wäre*] F/Ms Formulierung
Nr. 246 – „Der einseitige Mathematismus ...“] Marcus 1927, 237
Nr. 249-261 inklusive nach Marcus 1925b, 263-272
Nr. 255 – Bewegungsprognosis] Vgl. Nr. 36 („Prognosis“). Den Gedanken der „Bewegungsprognosis“ entwickelt Marcus in einer Rezension zu Rudolf Weinmann. Er dient ihm zur Kritik an dessen Angriffen auf die RT. Im übrigen sucht Marcus Weinmanns Ansätze auf Begriffe zu bringen, verbessert Argumente, erklärt Irrtümer. Er erläutert die Bewegungsprognosis am Beispiel der im Finstern vorgestreckten Hand, die an eine Wand stößt: Durch solchen Widerstand beim Tasten entsteht Erkenntnis eines festen Körpers. „Ein Widerstands-*Gefühl* gibt es nicht.“ (Marcus 1924) Dasselbe ausführlicher in Marcus 1927, 31 ff. („kinetische Prognosis“).
eine Scheinbewegung nicht von der wirklichen unterscheiden ...] Das beliebte Beispiel von Zug und Bahndamm suggeriert erfolgreich dieses angebliche Unvermögen. Der Grund der Unterschei-

dung beider Bewegungen ist allerdings, so F/M, der Wille, die Absicht (*Mahnruf*, 57).
Nr. 262 – Schlußsatz fast wörtlich in F/M: *Kants Zeit- und Raumlehre* (1928; GS 3, 802)

Albert Einstein: „Mein Weltbild“ (Querido-Verlag, Amsterdam 1934)

A: Pariser Tageblatt 2, Nr. 110 (1. April 1934), 3 (Buchbesprechungen)
B: Typoskriptkopie, 3 Blatt mit hs. Ergänzungen (DLA)
Druckvorlage: B. A beginnt: Einstein intime – „en pantoufles“ | Absatz 3 A: „kosmische Religiosität“ [in Anführungszeichen] | Revolution [fett gedruckt] | und dazwischen gibt es noch keine

Albert Einstein: „Mein Weltbild“ (Entwurf)

Typoskriptkopie, 1 Blatt, 2 S. mit hs. Ergänzungen, Entwurf (AKB)

Verzeichnis der Abbildungen

Literaturverzeichnis und Abkürzungen

Texte von F/M:

(Die Grotesken werden nicht nachgewiesen, sie erscheinen in GS 7/8)

Autobiographie – F/M: *Ich. Autobiographische Skizze (1871-1936)*, aus d. Nachlaß hg. Hartmut Geerken. Mit einführenden Essays v. H. Geerken & D. Thiel, Bielefeld: Aisthesis 2003

Briefe Kubin – Friedlaender/Mynona – Alfred Kubin: *Briefwechsel*, Hg. Hartmut Geerken & Sigrid Hauff, Wien/Linz: edition neue texte 1986

Graue Magie – Mynona: *Graue Magie. Ein Berliner Nachschlüsselroman*, Dresden: Kaemmerer 1922; Ndr. hg. v. Sigrid Hauff, Berlin: Fannei & Walz 1989

Holzweg – Mynona: *Der Holzweg zurück oder Knackes Umgang mit Flöhen*, Berlin/Leipzig: Steegemann 1931

Katechismus – Friedlaender: *Katechismus der Magie. Nach Immanuel Kants „Von der Macht des Gemütes" und Ernst Marcus' „Theorie der natürlichen Magie". In Frage- und Antwortform gemeinfaßlich dargestellt*, Heidelberg: Merlin 1925; Faks.-Ndr. mit e. Kommentar v. Martin Schönberger, Freiburg i. Br.: Aurum 1978

Mahnruf – Ders.: *Der Philosoph Ernst Marcus als Nachfolger Kants. Sein Leben und Lehre (3. IX. 1856 – 30. X. 1928). Ein Mahnruf*, Essen: Baedeker 1930

Remarque – Hat Erich Maria Remarque wirklich gelebt? Der Mann. Das Werk. Der Genius. 1000 Worte Remarque von Mynona, Berlin: Steegemann 1929

Schöpferische Indifferenz – Friedlaender: *Schöpferische Indifferenz*, München: Müller 1918, [2]1926

Weitere Literatur

AAFMAG – Archiv der Akademie der Künste Berlin, Friedlaender/ Mynona-Archiv (vormals Friedlaender/Mynona Archiv Geerken)

Ak – *Kant's gesammelte Schriften*, Hg. Preußische Akademie der Wissenschaften [u. Nachfolger], Berlin/Leipzig: de Gruyter 1900 ff.

AKB – Archiv der Akademie der Künste Berlin, Mynona Archiv

Blasche 1991 – Siegfried Blasche: *Vorbemerkungen*, in: *Übergang. Untersuchungen zum Spätwerk Immanuel Kants*, Hg. Forum für Philosophie, Bad Homburg, Frankfurt a. M.: Klostermann 1991, VII-XXVI

Boethius: *De trinitate* – Anicius Manlius Severinus Boethius: *De trinitate,* in: *Die theologischen Traktate*, übers., eingel. u. mit Anm. versehen v. Michael Elsässer, Hamburg: Meiner 1988

Bosch 1992 – Manfred Bosch: *„Für eine Vergeistigung der Politik" – Zum 100. Geburtstag Udo Ruksers,* in: Hegau. Zeitschrift f. Geschichte, Volkskunde u. Naturgeschichte des Gebietes zwischen Rhein, Donau u. Bodensee 49/50 (1992/93), 254-263

Brunn 1931 – A. [Albert] v. Brunn: [Rezension zu *Hundert Autoren*], Die Naturwissenschaften. Wochenschrift f. die Fortschritte d. reinen u. d. angewandten Naturwissenschaften 19, Nr. 11 (13. März 1931), 254 ff.

BT – Berliner Tageblatt und Handelszeitung (Begr. Rudolf Mosse, 1872-1939)

Burmeister 2007 – Ralf Burmeister: *Der Dada-Code. Hannah Höchs bildnerische Rhetorik des Grotesken,* in: *Hannah Höch. Aller Anfang ist DADA!* [Ausstellungskatalog], hg. R. Burmeister, Berlin: Berlinische Galerie / Ostfildern: Hatje Cantz / Basel: Museum Tinguely 2007, 9-23

Cohen 1904 – Hermann Cohen: *Rede bei der Gedenkfeier der Universität Marburg zur hundertsten Wiederkehr des Todestages von Immanuel Kant*, Marburg: Elwert 1904; Ndr. in: Cohen: *Schriften zur Philosophie und Zeitgeschichte*, Hg. Albert Görland & Ernst Cassirer, Berlin: Akademie 1928

Cohen 1914a – *Über das Eigentümliche des deutschen Geistes* [Vortrag 1914], Ndr. in: *Schriften* (ebd.)

Cohen 1914b – *System der Philosophie. Erster Teil: Logik der reinen Erkenntnis* (1902), 2. verb. Aufl. Berlin: Cassirer 1914; Ndr. mit e. Einltg. v. Helmut Holzhey, Hildesheim/New York: Olms 1977, ²1997 (*Werke*, Bd. 6)

Conti 1984 – Lino Conti: *Einstein interprete di Kant,* in: *Kant a due secoli dalla „Critica"*, Hg. Giuseppe Micheli & Giovanni Santinello, Brescia: Ed. La Scuola 1984, 97-111

CP – *The Collected Papers of Albert Einstein*, Princeton, NJ: Princeton Univ. Press 1987 ff.

Bd. 2: *The Swiss Years: Writings, 1900-1909*, Hg. John Stachel u. a., 1989

Bd. 6: *The Berlin Years: Writings, 1914-1917,* Hg. Anne J. Kox u. a., 1996

Bd. 7: *The Berlin Years: Writings, 1918-1921*, Hg. Michel Janssen u. a., 2002

Bd. 8: *The Berlin Years: Correspondence, 1914-1918*, Hg. Robert Schulmann u. a., 1998

Bd. 9: *The Berlin Years: Correspondence, January 1919-April 1920*, Hg. Diana Kormos Buchwald u. a., 2004

Cusanus 1929 – *„Dies Sanctificatus" vom Jahre 1439*, lat.-dt., mit Erläuterungen hg. Ernst Hoffmann & Raymond Klibansky, Heidelberg: Winter 1929 (Cusanus-Texte I: Predigten, 1; Sitzungsberichte d. Heidelberger Akademie der Wissenschaften 1928/29, 3)

Cusanus 1973 – Nicolaus Cusanus: *Trialogus de possest. Dreiergespräch über das Können-Ist*, lat.-dt., neu übers. u. mit Anm. hg. v. Renate Steiger, Hamburg: Meiner 1973, ³1991 [zitiert nach der Absatznumerierung (n.)]

Dech 1981 – Gertrud Jula Dech: *Schnitt mit dem Küchenmesser Dada durch die letzte Weimarer Bierbauchkulturepoche Deutschlands. Untersuchungen zur Fotomontage bei Hannah Höch,* Münster: Lit 1981

DLA – Deutsches Literaturarchiv Marbach am Neckar

Ehrenfest 1913 – Paul Ehrenfest: *Zur Krise der Lichtäther-Hypothese.* Rede gehalten beim Antritt d. Lehramts an d. Reichs-Universität zu Leiden, Berlin: Springer 1913

Einstein 1905 – Albert Einstein: *Zur Elektrodynamik bewegter Körper*, Annalen der Physik 17 (1905), 891-921; Faksimile in CP 2, 276-306

Einstein 1919 – *Induktion und Deduktion in der Physik*, BT (25. Dez. 1919); Faksimile in CP 7, 219

Einstein 1920 – *Äther und RT.* Rede gehalten am 5. Mai 1920 an d. Reichs-Universität zu Leiden, Berlin: Springer 1920; Faksimile in CP 7, 305-323

Einstein 1924a – Rezension zu J. Winternitz: *RT und Erkenntnislehre* (Leipzig 1923), Deutsche Literaturzeitung, Neue Folge 1, Heft 24 (20. Sept. 1924), 20 ff.

Einstein 1924b – *Elsbachs Buch: Kant und Einstein* (Berlin/Leipzig 1924), Deutsche Literaturzeitung, Neue Folge 1, Heft 24 (20. Sept. 1924), 1685-1692

Einstein 1949a – *Autobiographisches*, in: *Albert Einstein: Philosopher – Scientist*, hg. Paul Arthur Schilpp, La Salle, Illinois/London 1949, [2]1951, [3]1970 (Library of Living Philosophers, Bd. VII), 2-94 (mit engl. Übers. v. P. A. Schilpp)

Einstein 1949b – *Bemerkungen zu den in diesem Bande vereinigten Arbeiten,* ebd. 493-511

Feyerabend 1976 – Paul Karl Feyerabend: *Against Method. Outline of an Anarchistic Theory of Knowledge* (1975), Übers. Hermann Vetter: *Wider den Methodenzwang. Skizze einer anarchistischen Erkenntnistheorie*, Frankfurt a. M.: Suhrkamp 1976

Feyerabend 1980 – *Erkenntnis für freie Menschen. Veränderte Ausgabe*, Frankfurt a. M.: Suhrkamp 1980

F/M – Friedlaender/Mynona

Fölsing 1993 – Albrecht Fölsing: *Albert Einstein. Eine Biographie*, Frankfurt a. M.: Suhrkamp 1993, [3]1994

FZ – Frankfurter Zeitung und Handelsblatt (Begr. Leopold Sonnemann, 1866-1943)

Geerken 1993 – Hartmut Geerken: *Das Verschwinden von Werk und Autor. Über die Drucklegung einer Novelle von Mynona im Jahre 1933*, in: *Maßnahmen des Verschwindens. Salomo Friedlaender/*

Mynona, Anselm Ruest, Heinz-Ludwig Friedlaender im französischen Exil. Ausstellung und Hörspiele v. Hartmut Geerken, Redaktion Sigrid Hauff, München 1993 (Bayerischer Rundfunk Hörspiel), 45-48

Göbel 1975 – Wolfram Göbel: *Der Kurt Wolff Verlag 1913-1930. Expressionismus als verlegerische Aufgabe,* Archiv für Geschichte des Buchwesens XV (1975), 521-962; Ndr. books on demand 2004

Goenner 1992 – Hubert F. M. Goenner: *The Reception of the Theory of Relativity in Germany as Reflected by Books Published Between 1908 and 1945,* in: *Studies in the History of General Relativity,* Hg. Jean Eisenstaedt & A. J. Kox, Boston/Basel/Berlin: Birkhäuser 1992 (Einstein Studies, Bd. 3), 15-38

Goenner 1993a – Ders.: *The Reaction to Relativity Theory in Germany, I: The Anti-Einstein Campaign in Germany in 1920,* in: *Einstein in Context,* Hg. Mara Beller, Jürgen Renn & Robert S. Cohen, Cambridge/New York/Melbourne: Cambridge Univ. Press 1993 (Science in Context, Bd. 6), 107-133

Goenner 1993b – Ders.: *The Reaction to Relativity Theory in Germany, III: „A Hundred Authors against Einstein",* in: *The Attraction of Gravitation. New Studies in the History of General Relativity,* Hg. John Earman, Michel Janssen & John D. Norton, Boston/Basel/Berlin: Birkhäuser 1993 (Einstein Studies, Bd. 5), 248-273

Goenner 2005 – Ders.: *Einstein in Berlin 1914-1933,* München: Beck 2005

Hauff 1990 – Sigrid Hauff: *gut balanziert nirgends eingebissen. Alfred Kubin und die Schöpferische Indifferenz Salomo Friedlaenders,* in: *Alfred Kubin 1877-1959* [Ausstellungskatalog, Städtische Galerie im Lenbachhaus München, Hamburger Kunsthalle, Okt. 1990-Jan. 1991], Hg. Annegret Hoberg, München: Spangenberg 1990, 177-186

Hentschel 1990 – Klaus Hentschel: *Interpretationen und Fehlinterpretationen der speziellen und der allgemeinen RT durch Zeitgenossen Albert Einsteins,* Basel/Boston/Berlin: Birkhäuser 1990

Hentschel 1996 – *Physics and National Socialism. An Anthology of Primary Sources,* Hg. Klaus Hentschel, editorial assistant & transl. Ann M. Hentschel, Basel/Boston/Berlin: Birkhäuser 1996

Hundert Autoren – *Hundert Autoren gegen Einstein,* Hg. Hans Israel, Erich Ruckhaber & Rudolf Weinmann, Leipzig: Voigtländer 1931

KrV – Immanuel Kant: *Kritik der reinen Vernunft,* 1781 (= A), ²1787 (= B)

Laue 1961 – Max v. Laue: *Mein physikalischer Werdegang. Eine Selbstdarstellung*, in: *Gesammelte Schriften und Vorträge*, Bd. III, Braunschweig: Vieweg 1961, V-XXXIV

Lüdtke 1989 – Horst Lüdtke: *Ernst Marcus als Kantinterpret. Eine kritische Würdigung unter Berücksichtigung des unveröffentlichten Nachlasses,* Hildesheim/Zürich/New York: Olms 1989

MAN – Kant: *Metaphysische Anfangsgründe der Naturwissenschaft,* 1786; Ndr. hg. v. Alois Höfler, in: Ak IV, 465-565

Marcus 1918 – *Das Problem der exzentrischen Empfindung und seine Lösung,* Berlin: Der Sturm 1918, ²1918

Marcus 1922a – [Rezension] *Hilfsbüchlein für Kantleser.* Von Dr. *Alfred Heußner.* Bd. 1: Kants Prolegomena. (Einführung in die Vernunftkritik), Göttingen [1921], FZ, Literaturblatt Nr. 6 (17. März 1922), 3

Marcus 1922b – *Zur RT,* FZ, Literaturblatt Nr. 8 (13. April 1922), 1 f. [Sammelrezension zu Oskar Kraus: *Fiction und Hypothese in der Einsteinschen RT. Erkenntnistheoretische Betrachtungen,* Annalen der Philosophie 2, Leipzig 1920/21, 335-396; Ilse Schneider: *Das Raum-Zeit-Problem bei Kant und Einstein,* Berlin 1921; Philipp Lenard: *Über Relativitätsprinzip, Äther, Gravitation,* 3. Aufl., mit Zusatz betr. die Nauheimer Diskussion, Leipzig 1921; P. Theo Wulf S.J.: *Einsteins RT,* München 1921; Moszkowski 1921]

Marcus 1924 – *Gegen die Einstein-Philosophie,* FZ, Literaturblatt Nr. 11 (23. Mai 1924) [Rezension zu Rudolf Weinmann: *Gegen Einsteins Relativierung von Zeit und Raum,* München/Berlin 1922]

Marcus 1925a – *Kant und Einstein,* FZ, Literaturblatt Nr. 8 (9. April 1925) u. Nr. 9 (24. April 1925) [Rezension zu Alfred C. Elsbach: *Kant und Einstein*, Berlin/Leipzig 1924]

Marcus 1925b – *Aus den Tiefen des Erkennens. Kants Lehre von der Apperzeption (dem Selbstbewußtsein), der Kategorialverbindung und den Verstandesgrundsätzen. In neuer verständlicher Darstellung. Ein Kommentar zur transzendentalen Logik (Kritik der reinen Vernunft Teil II),* München: Reinhardt 1925; Ndr. in: *Ausgewählte Schriften*, Hg. Gottfried Martin & Gerd Hergen Lübben, Bd. I, Bonn: Bouvier 1969, 221-446

Marcus 1926a – *Über Einstein,* FZ, Literaturblatt Nr. 5 (31. Jan. 1926) [Sammelrezension zu Hugo Keller: *Die Haltlosigkeit der RT*, Leipzig 1924; Hans Driesch: *RT und Philosophie*, Karlsruhe 1924; Rudolf Weinmann: *Widersprüche und Selbstwidersprüche der RT*, Leipzig 1925; Weinmann: *Anti-Einstein*, Leipzig 1923; Oscar Kraus: *Offene Briefe an Albert Einstein und Max v. Laue über die gedanklichen Grundlagen der speziellen und allgemeinen RT*, Leipzig 1925]

Marcus 1926b – [Rezension zu Erich Adickes: *Kant als Naturforscher*, 2 Bde., Berlin 1924/25], FZ Nr. 9 (28. Feb. 1926), Literaturblatt

Marcus 1926c – [Rezension] Hans Reichenbach: *Axiomatik der relativistischen Raum-Zeit-Lehre* (Braunschweig 1924), FZ, Literaturblatt Nr. 36 (5. Sept. 1926)

Marcus 1926d – *Kritik des Aufbaus (Syllogismus) der speziellen RT und Kritik der herrschenden Hypothese der Lichtausbreitung*, Berlin: Der Sturm 1926 (31 S.)

Marcus 1927 – *Die Zeit- und Raumlehre Kants (Transzendentale Ästhetik) in Anwendung auf Mathematik und Naturwissenschaft*, München: Reinhardt 1927; Ndr. in: *Ausgewählte Schriften*, Bd. II, Bonn: Bouvier 1981, 435-600

Marcus 1928 – *Der Triumph über die Logik,* FZ, Literaturblatt Nr. 10 (4. März 1928), 1

Marcus 1932 – *Das Rätsel der Sittlichkeit und seine Lösung. Mit besonderer Berücksichtigung des Sexualproblems (sog. Revolution der Jugend),* München: Reinhardt 1932

Maxwell 1879 – James Clerk Maxwell: *Ether*, in: *The Encyclopaedia Britannica. A Dictionary of Arts, Sciences, and General Literature*, Ninth edition, Bd. VIII, Edinburgh: Black 1879, 568-572

Moszkowski 1921 – Alexander Moszkowski: *Einstein. Einblicke in seine Gedankenwelt. Gemeinverständliche Betrachtungen über die RT und ein neues Weltsystem. Entwickelt aus Gesprächen mit Einstein,* Hamburg: Hoffmann & Campe [dann Berlin: Fontane] 1921

Neffe 2005 – Jürgen Neffe: *Einstein. Eine Biographie*, Reinbek bei Hamburg: Rowohlt 2005, [5]2005

Ockham 1984 – Wilhelm von Ockham: *Texte zur Theorie der Erkenntnis und der Wissenschaft,* lat.-dt., hg., übers. u. komm. v. Ruedi Imbach, Stuttgart: Reclam 1984

Paetzold 1995 – Heinz Paetzold: *Ernst Cassirer – Von Marburg nach New York. Eine philosophische Biographie*, Darmstadt: WBG 1995

Kurt Pagels: *Kant gegen Einstein. Philosophische Kritik der „RT“,* Rhede (Ems) [bzw. Meppen]: Ewert 1992

Pais 1995 – Abraham Pais: *Ich vertraue auf Intuition. Der andere Albert Einstein* [*Einstein Lived Here,* New York 1994], Übers. Heiner Must, Heidelberg/Berlin: Spektrum 1995, [2]1998

Reichenbach 1921 – Hans Reichenbach: *Der gegenwärtige Stand der Relativitätsdiskussion. Eine kritische Untersuchung,* Logos 10 (1921), 316-378; Ndr. in *Gesammelte Werke,* Hg. Andreas Kamlah & Maria Reichenbach, Bd. 3: *Die philosophische Bedeutung der RT,* Braunschweig/Wiesbaden: Vieweg 1979

Reichenbach 1931 – *Hundert gegen Einstein,* Vossische Zeitung (24. Feb. 1931); engl. Übers. Elizabeth Hughes Schneewind: *One Hundred Against Einstein*, in Reichenbach: *Selected Writings 1909-1953*, Bd. 1, Hg. Maria Reichenbach & Robert S. Cohen, Dordrecht/Boston/London: Reidel 1978, 273 f.

Reichenbach 1932 – *Kant und die moderne Naturwissenschaft,* FZ, Nr. 626-627 (23. Aug. 1932), 2 f.

Reichenbach 1933 – *Kant und die Naturwissenschaft,* Die Naturwissenschaften 21, Heft 33 u. 34 (18. u. 25. Aug. 1933), 601-606 u. 624 ff.

Richter 1980 – Steffen Richter: *Die „Deutsche Physik"*, in: *Naturwissenschaft, Technik und NS-Ideologie. Beiträge zur Wissenschaftsgeschichte des Dritten Reiches*, Hg. Herbert Mehrtens & Steffen Richter, Frankfurt a. M.: Suhrkamp 1980, 116-141

Rosenthal-Schneider 1988 – Ilse Rosenthal-Schneider: *Begegnungen mit Einstein, von Laue und Planck. Realität und wissenschaftliche Wahrheit,* aus d. Engl. v. Helmut Kühnelt, Braunschweig/Wiesbaden: Vieweg 1988

RT – Relativitätstheorie

Schaschke 2004 – Bettina Schaschke: *Dadaistische Verwandlungskunst. Zum Verhältnis von Kritik und Selbstbehauptung in DADA Berlin und Köln,* Berlin: Mann 2004

Thiel 2001 – Detlef Thiel: *Spuren des platonischen* Timaios *in Kants* Opus postumum, in: *Kant und die Berliner Aufklärung.* Akten des IX. Internat. Kant-Kongresses, hg. Volker Gerhardt u. a., Berlin/New York: de Gruyter 2001, Bd. IV, 648-657

ULB – Universitäts- und Landesbibliothek Bonn, Marcus-Archiv

Namenverzeichnis

(Die Zahlen bezeichnen die Nummern der Fragen)

Sachverzeichnis

(Die Zahlen bezeichnen die Nummern der Fragen)

Salomo Friedlaender/Mynona

Gesammelte Schriften

Herausgegeben von Hartmut Geerken & Detlef Thiel

Editionsplan

1 Kant gegen Einstein (1932/2005/2008; 208 S.)
2/3 Philosophische Abhandlungen und Kritiken 1896-1946, I-II (2006; 1076 S.)
4 Die Bank der Spötter. Ein Unroman (1920/2007; 492 S.)
5 Logik / Psychologie (1907/2007; 220 S.)
6 Kant und die sieben Narren / Kantholizismus / Philosophischer Dialog / Dialog übers Ich (aus dem Nachlaß; 2007; 268 S.)
7/8 Grotesken (2008; ca. 1200 S.)
9 Friedrich Nietzsche. Eine intellektuale Biographie (1911; ca. 200 S.)
10 Schöpferische Indifferenz (1918, ²1926; ca. 550 S.)
11 Hat Erich Maria Remarque wirklich gelebt? (1929) / Der Holzweg zurück. Gegen Kurt Tucholsky (1931; ca. 400 S.)
12 Julius Robert Mayer (1905; ca. 250 S.)
13 Der Schöpfer. Phantasie / George Grosz / Tarzaniade. Parodie / Der antibabylonische Turm / Der lachende Hiob / Kant/Marx (1919-1936; Illustr. v. Kubin u. Grosz; ca. 450 S.)
14 Kant für Kinder (1924) / Katechismus der Magie (1925) / Der Philosoph Ernst Marcus. Ein Mahnruf (1930; ca. 450 S.)
15 Das lyrische Werk (ca. 350 S.)
16 Graue Magie. Ein Berliner Nachschlüsselroman (1922, ²1931; ca. 330 S.)
17 Das magische Ich. Elemente des kritischen Polarismus (aus dem Nachlaß, 1935; ca. 320 S.)

18 Ich (1871-1936). Autobiographische Skizze (aus dem Nachlaß, 1936; ca. 160 S.)

19 Vernunftgewitter. Brevier nach Ernst Marcus (aus dem Nachlaß, 1932; ca. 380 S.)

20 Vereinzelte Bemerkungen zum System des magischen Ich (aus dem Nachlaß, 1937; ca. 400 S.)

21 Ich-Heliozentrum / Das Experiment Mensch / Interregnum und Entscheidung (aus dem Nachlaß, ca. 550 S.)

22 Philosophische Aufsätze und Kritiken aus dem Nachlaß (ca. 350 S.)

23 Lehrbücher (aus dem Nachlaß, ca. 300 S.)

24 Fragmente und Tagebücher (ca. 300 S.)

25-28 Briefwechsel (ca. 2.500 S.)

29 Anekdoten / Ikonographie / Nachträge (ca. 250 S.)

30 Bibliographie 1896-2010 (ca. 600 S.)

WAITAWHILE

Hartmut Geerken: ***Omniverse Sun Ra***
Contributions by Amiri Baraka, Robert L. Campbell, Sigrid Hauff, Chris Cutler, Robert Lax, Salah Ragab, Karl Heinz Kessler, Hartmut Geerken, Gabi Geist, Bernhard Hefele. Discography of the acoustic works of Sun Ra. Tapeography. Filmography. Bibliography. With photos by Val Wilmer.
304 pp. 1994 (vergriffen). VERGRIFFEN

Sun Ra, ***The Immeasurable Equation. The collected Poetry and Prose***
compiled and edited by James L. Wolf and Hartmut Geerken. With introductions and essays by James L. Wolf, Hartmut Geerken, Sigrid Hauff, Klaus Detlef Thiel, and Brent Edwards. Photography by Robert Lax and Angelika Jakob. Some facsimiles.
Hardcover, 530 S. 2005. € 49,50. ISBN 978-3-8334-2659-9 LIEFERBAR

hartmut geerken: ***phos***
Ein Sachbuch über den Luftkrieg in Stuttgart.
391 S. 2005. € 29,50. ISBN 978-3-8334-2816-6 LIEFERBAR

hartmut geerken: ***forschungen etc***
63 ausgewählte Texte aus dreißig Jahren, verstreut veröffentlicht und ungedruckt, über: Jazz, Neue Poesie, Wissenschaftstheorie, Interaktivität, Schamanismus, Mykologie, Chaos, Philosophie, Pornografie, Drogen u. v. a. m.
Hardcover, 568 S. 2006. € 49,90. ISBN 978-3-8334-4432-6 LIEFERBAR

hartmut geerken: ***klafti. über die einsilbigkeit***
So sind aus den Wortriesen Wortzwerge geworden, die gleich den Zwergen der Sage klug und kunstreich das Herrlichstgegliederte schaffen, von dem die ungeschlachten Riesen keine Ahnung hatten. (Julius Bahnsen)
Hardcover, 244 S. 2007. € 24,90. ISBN 978-3-8334-7882-6 LIEFERBAR

hartmut geerken: ***kyrill. gedichte 1959-1961.***
Hardcover, 360 S. 2007. € 34,50. ISBN 978-3-8370-1593-5 LIEFERBAR

hartmut geerken: ***soyd. gedichte 1961-1966.***
Hardcover, 176 S. 2008. € 24,90. ISBN 978-3-8370-1771-7 LIEFERBAR

Sigrid Hauff: *Der Zinnteller-Reflex*
Nicht-Dualität als Ereignis. Momente jenseits von Raum und Zeit. Einheitserlebnisse im Spiegel der Kulturen, bei Hölderlin, Lasker-Schüler, Celan, Platon, Rousseau, Bloch, Cage, Sun Ra, Mingus, Einstein, Bohr, Schrödinger, Freud, Perls, Albert Hofmann, Bayazid Al Bistami, Rumi, Jakob Böhme u. v. a.
152 S. 2005. € 14,80. ISBN 978-3-8334-4234-6 LIEFERBAR

Sigrid Hauff: *Doppelter Mokka*
Liebe als Wegwerfware und Sex als Zeitvertreib? Wie arm, wenn Beziehungen da aufhören, wo im Sex die Wiederholung anfängt. Ein Tagbuch – Ein Nachtbuch – Interferenzen von Wirklichkeit und Traum.
Hardcover, 196 S. 2007. € 24,90. ISBN 978-3-8334-7881-9 LIEFERBAR

Sigrid Hauff: ***A Line in Three Circles/The Inner Biography of Robert Lax***
with a comprehensive catalog of his works. Robert Lax, a close friend of Thomas Merton, Ad Reinhardt, and the beatniks, became one of the great loners of American literature. His poetry captures precious moments beyond time and space.
260 S. 2007. € 19,90. ISBN 978-3-8334-8480-3 LIEFERBAR

Salomo Friedlaender/Mynona: *Gesammelte Schriften* in 30 Bänden.
Herausgegeben von Hartmut Geerken & Detlef Thiel, in Zusammenarbeit mit der Kant-Forschungsstelle der Universität Trier.
Band 1: ***Kant gegen Einstein***
Hardcover, 208 S. 2008. € 24,50. ISBN 978-3-8370-0052-8 LIEFERBAR
Band 2: ***Philosophische Abhandlungen und Kritiken, Teil I***
Hardcover, 540 S. 2006. € 44,90. ISBN 978-3-8334-7022-6 LIEFERBAR
Band 3: ***Philosophische Abhandlungen und Kritiken, Teil II***
Hardcover, 536 S. 2006. € 44,90. ISBN 978-3-8334-7023-3 LIEFERBAR
Band 4: ***Die Bank der Spötter. Ein Unroman***
Hardcover, 492 S. 2007. € 44,90. ISBN 978-3-8334-7895-6 LIEFERBAR
Band 5: ***Logik / Psychologie***
Hardcover, 220 S. 2007. € 24,50. ISBN 978-3-8334-8087-4 LIEFERBAR
Band 6: ***Kant und die sieben Narren / Dialog übers Ich***
Hardcover, 268 S. 2007. € 29,90. ISBN 978-3-8334-8084-3 LIEFERBAR
Band 7: ***Grotesken, Teil I***
ca. 600 S. 2008. ISBN 978-3-8334-8089-8
Band 8: ***Grotesken, Teil II***
ca. 600 S. 2008. ISBN 978-3-8334-8090-4

Weitere Infos unter www.hartmutgeerken.de

179 Ratio – Euklid empirisch ? – 180 – Ra
181 Raum+Zeit – Fiktio (Newton) – 182 Rel.
Mathematik über Erfahrung !!! – Fik
vistik – Raum – 186 probabil – Glaube
194 Ratio – [illegible] Empirie [illegible] –
200/1 Faraday / Maxwell [illegible] – 201 Übermin[illegible] –
202 Raum / Zeit / Newton – 202/3 Fernkräfte –
spez. Rel.-Th. – Allgem. Rel.-Th. – Uhren
207 Kausal-Skepsis ; Chaos ! – [illegible] dabei vor
Sinnenwelt – Provisor – 210/11 Licht – Ä[illegible]
[illegible] – Rel.-Th. – 214 Wahrscheinlichk
physik – kein Revolutionär – Zeit-Rel. –
219 Metrische Felder – 220 Welt räumlich gesch
Rel.-Th. – 224 Raum / Zeit – Simultaneität –
Kinematik – 229 Anti-Kant – 231 KANT
Raumite [illegible] kantischen Raum – 234 Ger[illegible]
„idealisiert" – starblind f. [illegible] –
Äther – 237 Lorentz ! – 237/8 spez. Rel.-Th.
böses Gewissen – 241 Euklid – 242 allg
Physik [illegible] ! – 244 Dynamik
246 auf der Suche nach seinem Raum ! – 255/6
263 Flettner –

tiv Erfahrung. — Anti=Kant — Fiktionen
=Th. — Illogik — Erfindung! — 183 Vertrauen! —
tive 4 Dimens. — Riemann — 184 Æ — 185 Har
187 Kepler, Gesetz — 188 Kopernikus — 193 Natur
Newton Erfinden — 196 kausal — 199 Apfel —
dung Vertrauen — Newton contra Newton Æ —
203/4 Newton erschüttert — „Feld" — 205
Raum/Zeit — 206 Reine Feldtheorie Ideal —
eindeutig abwartend — 208 Glaube an An=
schaulichem. — 212 Umschwung: Maxwell! — 213
keit — Einstein vertraut Maxwell — 216 Æ: Feld:
217 Raumzeit — 218 allgem. Rel.=Th. — Euklid —
ecken — 222 konstrukt. & Prinzip=Theorien —
225 Masse/Energie — 227 Euklid-Krümmung
Apriori — 232 terrible! — 233 Euklid
metrie physik — 235/6 Raum physikalisiert =
Th. — Relat. d. Gleichz. — Methode — 239
an Rel.=Th. — 243 Riemann — Raum von
auf Mathem. realisiert — theoret. Geist —
Æ — 256 Beersches Gesetz — 262 Lösung —